—— 中小学人工智能系列图形化编程丛书 ——

图形化编程实操综合案例

Scratch 3.0

☑ 全局视角由浅入深　　☑ 原创素材激发创新

☑ 丰富案例要点精讲　　☑ 实操编程乐趣无穷

张智超　朱贵俊　主编

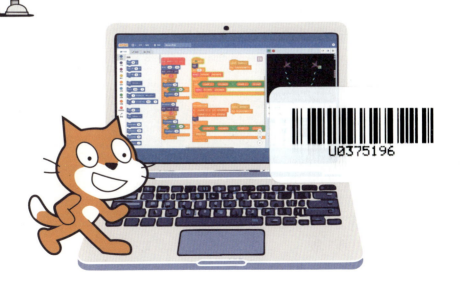

中国科学技术大学出版社

内 容 简 介

本书是"中小学人工智能系列图形化编程丛书"中的一本,以生动有趣的案例为切入点,通过情节设定、内容拓展等让读者参与其中,将读者的想法与编程内容相结合,大大增加读者学习编程的代入感,最大程度地激发读者的学习兴趣。本书按照课程引入—案例实操—课后指导的结构,形成有机联系的整体,体现了简化头绪、注重整合、加强实践的理念。本书语言生动,内容富有趣味性,由浅入深的案例能更好地帮助学生了解 Scratch 图形化编程以及掌握相关编程技巧。

本书不仅适合对编程充满好奇的青少年学生,也适合希望与孩子共同探索编程世界的家长以及致力于编程教育的老师。

图书在版编目(CIP)数据

图形化编程实操综合案例 / 张智超,朱贵俊主编. -- 合肥:中国科学技术大学出版社,2025.3. --(中小学人工智能系列图形化编程丛书). -- ISBN 978-7-312-05897-4

Ⅰ. TP311.1-49

中国国家版本馆 CIP 数据核字第 2024474MZ7 号

图形化编程实操综合案例
TUXINGHUA BIANCHENG SHICAO ZONGHE ANLI

出版	中国科学技术大学出版社 安徽省合肥市金寨路 96 号,230026 http://press.ustc.edu.cn https://zgkxjsdxcbs.tmall.com
印刷	安徽国文彩印有限公司
发行	中国科学技术大学出版社
开本	710 mm×1000 mm　1/16
印张	16
字数	321 千
版次	2025 年 3 月第 1 版
印次	2025 年 3 月第 1 次印刷
定价	68.00 元

编委会

主编　张智超　朱贵俊

编委　梁　辉　朱贵艳　邹孔标
　　　　李慕举　李劭劼

前　　言

政策导向与编程教育的重要性：深度剖析与未来展望

在全球信息化与智能化的浪潮中，编程教育已成为提升国家竞争力、培养创新型人才的关键。近年来，我国出台了一系列旨在加强青少年编程教育的政策，这些政策不仅明确了编程教育在中小学阶段的普及目标，还为其发展提供了强有力的支持和保障。

首先，从政策层面来看，《新一代人工智能发展规划》明确提出要在中小学阶段设置人工智能相关课程，逐步推广编程教育。这一政策的出台，标志着编程教育正式纳入国家教育体系，成为青少年教育的重要组成部分。随后，《教育信息化2.0行动计划》进一步强调了信息技术在教育教学中的深度融合，为编程教育提供了更加广阔的发展空间。而《全民科学素质行动规划纲要（2021—2035年）》则明确提出要加强青少年科技教育，提升青少年的科学素质和创新能力，这进一步凸显了编程教育在青少年培养中的重要作用。

编程教育的重要性体现在多个方面。首先，它能够有效培养青少年的逻辑思维能力和问题解决能力。通过编程，青少年可以学会如何将复杂的问题分解为简单的步骤，并通过代码解决问题。这种思维方式不仅有助于他们在学业上取得更好的成绩，还能为他们未来的职业发展和社会责任担当打下坚实的基础。

其次，编程教育能够激发青少年的创新精神和团队协作能力。在编程过程中，青少年需要不断探索新的思路和方法，以创造出更加优秀的作品。同时，他们还需要与团队成员密切合作，共同完成任务。这种经历不仅有助于培养他们的创新意识和团队协作能力，还能为他们未来的职业发展和社会交往提供宝贵的经验。

最后，编程教育有助于青少年更深入地理解科技的本质，增强对信息社会的适应能力。通过编程，青少年可以了解计算机工作原理、网络通信原理等科技知识，从而更加深入地理解科技的本质。同时，他们还能通过编程实践，学会如何运用科技手段解决实际问题，提升对信息社会的适应能力。

展望未来，随着科技的不断进步和社会的不断发展，编程教育在青少年培养中的地位将越来越重要。我们期待通过政策的持续推动和社会各界的共同努力，让更多的青少年能够接触到编程教育,享受到编程带来的乐趣和成就感。同时,我们也希望青少年能够珍惜这个时代的机遇,努力提升自己的编程能力和创新素养,为未来的科技竞争和社会进步贡献自己的力量。

图形化编程的独特优势:直观易学,激发潜能

图形化编程是一种通过图形化的界面和模块化的编程方式,将复杂的编程指令转化为可视化的操作的编程方法。它以直观易学的特点,成为青少年学习编程的理想选择。

首先,图形化编程的直观性是其极大的优势之一。通过图形化的界面,青少年可以直观地看到编程元素(如积木块、变量框等)的形状、颜色和功能,从而更容易理解编程的概念和原理。这种直观性不仅有助于降低学习门槛,还能激发青少年的学习兴趣和创造力。

其次,图形化编程的模块化特点使得编程过程更加简单易懂。在图形化编程中,复杂的编程任务被分解为一系列简单的模块(如循环模块、条件判断模块等),每个模块都具有特定的功能和用途。青少年可以通过拖动这些模块来构建自己的程序,从而避免了传统编程中烦琐的代码编写和调试过程。这种模块化特点不仅有助于提升青少年的编程效率,还能培养他们的逻辑思维和问题解决能力。

此外,图形化编程还支持即时反馈和可视化调试。在编程过程中,青少年可以实时看到程序的运行效果,并通过可视化工具快速发现并修正错误。这种即时反馈机制有助于青少年建立正确的编程思维,提升他们的编程能力和自信心。

图形化编程还提供了丰富的编程资源和社区支持。青少年可以通过在线教程、示例代码、论坛等途径获取学习资源,与志同道合的伙伴交流心得,共同提高编程技能。这些资源和社区支持不仅有助于青少年拓展编程视野,还能激发他们的创新精神和团队协作能力。

最后,图形化编程还能够帮助青少年更好地理解编程语言的本质。虽然图形化编程的界面和操作方式与传统编程有所不同,但它仍然遵循着编程的基本规律和原理。通过图形化编程的学习,青少年可以逐渐掌握编程语言的核心概念和语法结构,为后续学习更加复杂的编程语言奠定基础。

本书的编写理念与内容特色:系统全面,注重实践与创新

本书是一本旨在帮助青少年掌握图形化编程技能、提升创新思维和实践能力的优秀教程。本书的编写理念与内容特色主要体现在以下几个方面:

首先，本书注重系统性和全面性。在内容安排上，本书从基础知识介绍到初级作品制作，再到中级和高级作品制作，层层递进，逐步深入。每个章节都包含了丰富的案例和知识点，旨在帮助读者全面、系统地掌握图形化编程的各个方面。这种系统性的内容安排有助于读者建立完整的编程知识体系。

其次，本书注重实践性和可操作性。在案例设计上，本书充分考虑了青少年的学习特点和兴趣需求，通过一系列精心设计的案例来引导读者逐步掌握图形化编程的技能。每个案例都配备了详细的步骤说明和代码示例，让读者能够轻松上手并在实践中不断巩固所学知识。同时，本书还提供了丰富的拓展练习和思考题，鼓励读者在掌握基础知识的基础上进行深入探索和尝试。这种实践性的内容安排有助于提升读者的编程能力和创新思维。

此外，本书还特别注重创新性和前瞻性。在内容选择上，本书不仅涵盖了图形化编程的基础知识和基本技能，还引入了最新的编程技术和趋势（如人工智能、物联网等）。这些新技术的引入不仅有助于拓展读者的编程视野，还能激发他们的创新精神和创造力。同时，本书还通过案例分析和实践探索等方式，引导读者了解编程技术在现实生活中的应用和价值，培养他们的实际应用能力和社会责任感。

最后，本书还提供了丰富的配套资源和支持服务。为了方便读者学习和实践，本书附带了大量的示例代码、视频教程和在线资源链接等（详见https://www.funcodeworld.com/）。这些资源不仅有助于读者更好地理解和掌握所学知识，还能为他们提供实时的帮助和支持。同时，本书还鼓励读者加入相关的编程社区和论坛，与志同道合的伙伴交流心得和分享经验。这种社区支持不仅有助于提升读者的编程能力和创新思维，还能为他们提供一个展示自己才华和成果的平台。

本书的读者定位与价值：多元化需求，全方位支持

本书不仅适合对编程充满好奇的青少年学生，也适合希望与孩子共同探索编程世界的家长以及致力于编程教育的老师。本书的读者定位与价值主要体现在以下几个方面：

对于学生而言，本书将为他们提供一个充满乐趣和挑战的编程学习环境。通过本书的引导和实践案例的学习，学生可以逐步掌握图形化编程的技能和方法，提升自己的编程能力和创新思维。同时，本书还通过丰富的拓展练习和思考题等方式，鼓励学生进行深入探索和尝试，培养他们的自主学习能力和解决问题的能力。

对于家长而言，本书将成为他们了解编程教育、与孩子共同学习成长的桥梁。通过本书的引导和实践案例的学习，家长可以更加深入地了解编程教育的意义和价值，与孩子一起探索编程的奥秘。同时，家长还可以通过本书的配套资源和支持服务等，为孩子提供实时的帮助和支持，共同促进孩子的成长和发展。这种亲子互动不仅有助于增进亲子关系，还能激发孩子的学习兴趣和创造力。

对于老师而言，本书则是优秀的教学辅助工具。它可以帮助老师更好地引导学生学习编程、提升教学质量。通过本书的案例分析和实践探索等，老师可以了解编程技术在现实生活中的应用和价值，从而更加有针对性地设计教学计划和课程内容。同时，本书还提供了丰富的配套资源和支持服务等，为老师的教学工作提供了有力的支持和保障。这种教学辅助不仅有助于提升老师的教学水平，还能为学生的编程学习提供更加全面和系统的支持。

结语：携手并进，共创未来

在这个充满机遇与挑战的时代，编程已成为连接现实与未来的桥梁。我们坚信，本书将成为青少年学习编程的得力助手，陪伴他们在编程的道路上不断前行。通过本书的学习和实践，我们相信每一位读者都能在未来的科技竞争中占据先机，成为推动社会进步和创新的重要力量。

让我们携手并进，共同开启一段充满智慧与乐趣的编程之旅！我们期待，通过本书的学习和实践，每一位读者都能成为编程领域的佼佼者，为未来的科技竞争和社会进步贡献自己的力量。同时，我们也希望本书能够激发更多青少年对编程的兴趣和热爱，为培养更多创新型人才做出积极的贡献。

目　录

前言 ··· i

第 1 章　知识介绍 ································ 001
　　1.1　Scratch 界面介绍 ························· 002
　　1.2　Scratch 编程基本概念 ··················· 006
　　1.3　第一个编程作品：海底鱼群 ··········· 008
　　1.4　思维导图、流程图 ······················· 013

第 2 章　初级作品制作 ··························· 015
　　2.1　小猴射箭 ····································· 016
　　2.2　瞄准射击 ····································· 021
　　2.3　打击乐键盘 ·································· 027
　　2.4　派对换装 ····································· 033
　　2.5　苹果计算器 ·································· 038
　　2.6　青蛙报时 ····································· 042

2.7　新年贺卡……………………049
2.8　切水果………………………062
2.9　小鸟飞行游戏………………073
2.10　绘制旋转风车………………078

第 3 章　中级作品制作……………087

3.1　用声音铺路…………………088
3.2　贪食蛇………………………101
3.3　大鱼吃小鱼…………………111
3.4　黄金矿工……………………123
3.5　电子画板……………………137
3.6　迷宫游戏……………………151

第 4 章　高级作品制作……………165

4.1　雷霆战机……………………166
4.2　迷你赛车……………………205

第 1 章 知识介绍

1.1 Scratch 界面介绍

现在就开始我们的Scratch编程之旅吧！双击打开软件后，你会看到整洁清爽的软件界面。Scratch 3.0版本与之前的版本相比界面发生了较大的变化，整体风格更加简洁，操作起来也更加灵活方便。

Scratch 3.0界面

Scratch 2.0界面

虽然界面看上去变化较大，但实际的操作方式和功能分区还是和之前版本的Scratch类似。整个屏幕分为4个大的区域，分别为代码区、脚本区、舞台区、角色列表区。此外还有菜单栏、标签页、造型编辑器、声音编辑器、扩展模块、背景区等。结合下图，我们来熟悉一下Scratch 3.0界面的各个区域吧！

> **小知识**
>
> 如果你打开软件后发现是英文界面，不要着急，只需要点击 🌐，然后切换语言为 简体中文，就可以将软件设置为中文界面啦！

代码区

代码区提供了我们在编程中需要用到的代码指令。代码区的指令包含"运动""外观""声音""事件""控制""侦测""运算""变量""自制积木""添加扩展"等10个模块共计100多个代码指令。这些指令可以帮助我们实现绝大部分的编程功能。

在代码区中，通过不同的颜色和形状将积木的功能加以区分。在操作的过程中一定要善于观察和总结。

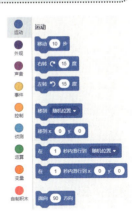

> **小知识**
>
> 积木块按照外形大致可以分为下面几类：上下有凹槽和凸起形（ 移动 10 步 ）、椭圆形（ 大小 ）、上面弧形下面凸起形（ ▶ 被点击 ）和六边形（ 按下鼠标? ）。
>
> 类似于 移动 10 步 的积木是所有积木块中数量最多的，上下均有凹槽或凸起代表这种类型的积木上下方都可以连接其他积木，常用于组成顺序结构的程序，是程序设计中使用最多的积木类型。
>
> 椭圆形的积木常常存储着一些数据，当被点击时便会将其存储的数据显现出来。另外，我们还可以将它和其他需要填入数据的积木进行嵌套组合，例如 移动 大小 步 。
>
> "当 ▶ 被点击"（ ▶ 被点击 ）这块积木是我们程序中的常客，一般情况下用于代码的头部。仔细观察它的形状会发现，这块积木的上方不能再连接其他积木，而下方还留有一个小凸起，可以继续向下连接。在代码中类似这种形状的积木都用于表示程序的运行事件。
>
> 六边形的积木主要用于实现程序中的侦测功能。例如，当程序需要判断鼠标是否按下时，就需要用到 按下鼠标? ；六边形的积木还可以用于判断颜色、数值等。和"如果……那么……"结合，可以使程序灵活地发挥效果。
>
> Scratch中的积木可以进行各种不同的组合，请仔细观察一下各种积木的特点，再动手试一试吧！

脚本区

脚本区是我们进行代码加工组合的工厂，在这里，可以将一个个代码积木组装成程序块，让对应的角色按照积木指令来执行程序。

编程对象会显示在脚本区的右上角，通过点击角色列表可以切换不同的对象。注意，每个角色（包括舞台）都有自己单独的代码空间，在编写程序的时候一定要注意先选定，再操作。

在脚本区的右下角有几个调节代码显示比例的按钮。在脚本区右击鼠标还可以"召唤"一些工具帮助我们整理积木、添加注释等。

舞台区

舞台区是所有角色执行脚本指令的地方，角色会按照事先编辑好的脚本指令依次执行对应的动作，显示对应的状态。角色要进行一场什么样的表演就取决于你为角色编辑了什么样的指令。同样地，如果你的角色没有按照你的设计正确执行对应的动作，你可以在脚本区检查对应的代码是否出现了问题。

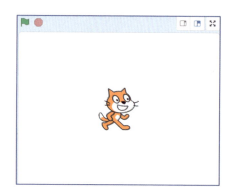

单击舞台左上方的 ▶ 和 ⏹ 按钮分别可以启动程序和停止程序；通过右上方的 按钮可以切换"小舞台布局""大舞台布局""全屏模式"。

角色列表区

在角色列表区我们可以进行角色上传、删除等操作，还可以通过上方的属性区域修改角色的基本属性，包含角色的名称、位置、显示状态、大小以及方向等。

在角色列表区的右侧还有一个功能类似的背景区，可以进行背景上传的操作。

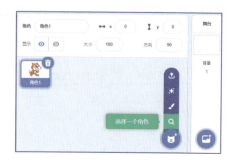

造型编辑器

用过"Windows画图软件"的读者对下图的工具界面一定不会陌生。在造型编辑器中我们可以增加、减少造型,对造型的形态、颜色等进行调整或重新编辑等。点击选中背景后,这个界面就会变成背景编辑器,同样地,这时可以对背景进行增加、删除以及调整等操作。

声音编辑器

要想制作一个出色的编程作品,经常需要添加一些恰当的音效和背景音乐,那就需要用到声音编辑器了。在下图所示的声音编辑器界面中,可以进行上传声音、修改和对声音进行剪辑等操作。

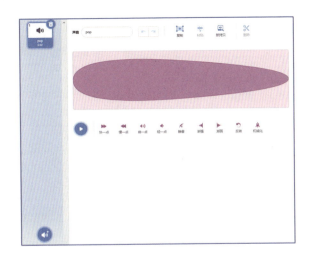

1.2　Scratch 编程基本概念

在开始进行编程制作之前,我们首先需要对在编程过程中将会用到的一些基本概念进行简单的介绍,帮助大家更容易地读懂后面的章节。

角色

角色是编程的对象,在Scratch中的作用是按照编写好的指令执行动作。Scratch提供了丰富多彩的角色库,用户也可以自行新建角色。

造型

造型是角色显示在舞台上的形象,一个角色可以拥有多个造型,可以通过代码设置角色的大小、位置、方向、颜色等属性。通过增加造型,可以让角色在舞台上展现多种形态,呈现变化多样、效果丰富的作品。

代码

在Scratch中,代码又被形象地称为积木块。通常情况下,代码指的就是代码区中的代码指令,但有时候代码也指所有代码指令的合集,或者作品生成的sb3格式的源文件。

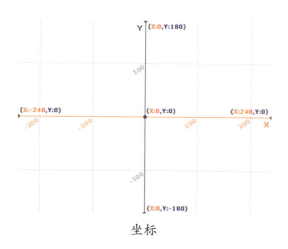
坐标

坐标是一个几何概念,Scratch可以通过两个一组的数字确定舞台上的一个位置。左图中(0,0)表示的就是橙色线和蓝色线相交的位置,(100,100)则表示数值为100的橙色竖线和数值为100的蓝色横线相交的位置。通过坐标,就可以准确地确定角色所在的位置了。我们可以通过修改数值让角色移动到舞台上的任意一个位置。

> **小知识**
>
> 在Scratch 3.0中,舞台的宽度的取值范围是-240~240,高度的取值范围是-180~180,舞台中心点的坐标是(0,0)。虽然舞台的坐标范围有限,但并不意味着我们只能在舞台坐标的取值范围内来编程。

事件

Scratch中的事件就是:"绿旗是否被点击?""角色是否被点击?""背景是否切换?""某按键是否被按下?"……我们可以把事件理解为启动程序的钥匙,插入钥匙后对应的程序就会被启动。

广播

Scratch为我们设置了很多事件供直接调用,有时还需要在程序中创建一些新的事件,将程序中的一些节点和动作串起来。这个时候就可以用到广播了,广播可以帮我们创建新的"钥匙",并通过这些"钥匙"来启动一段程序。

循环

循环是一个重要的程序结构,在设计程序时常常会发现有很多需要重复处理的部分,比如不断收集角色的位置信息、不断监测变量的变化、不断调整角色的角度等。这些需要反复操作的环节就需要用到循环,因此循环能帮我们大大缩减重复代码的长度,提高代码的效率和可读性。

克隆

克隆一词来自英文"clone",意为复制。复制出的克隆体会完全拥有本体角色的属性和状态。在我们设计程序时,如果需要很多个相同的角色,那么克隆功能是一个很好的选择。

变量

变量是程序设计中的一个重要的概念,可以把变量想象成一个带有标签的盒子,在盒子里装入想要记录的过程数值、游戏的分数、关卡的名称等,下次再使用的时候直接找到装有对应内容的盒子就可以了。在Scratch中,变量可以存储数值、文字等多种内容。

列表

列表也是在编程中常常会用到的一个概念,可以把列表想象成一组按顺序排列的盒子,只需要给第一个盒子取好名字,其余的盒子便可以通过序号顺序找到。可以在盒子里放置需要的内容,比如一组数字、四句古诗等。当需要时,通过"列表名+项目序号"的方式就可以取出对应的内容。程序中还可以对列表中的项目进行增加、删除、修改及查找等。

1.3 第一个编程作品：海底鱼群

快来动手操作一下，熟悉一下前面学过的基本知识吧！

1. 学习目标

（1）熟悉Scratch编程环境；
（2）了解角色、造型、舞台、声音、坐标等基本概念；
（3）了解克隆的基本含义；
（4）了解作品的分析制作流程。

作品星级：

2. 作品分析

本案例是以海洋为主题场景的动画作品，其中涉及海洋中的多种动物角色。根据运动状态，角色可以分为两类：运动的和静止的。仔细观察后可以发现，运动的角色运动方式相似，都是从舞台的左边游向舞台的右边，只是时间间隔不相同；静止的角色的动作主要是说话和形态变换。在了解了作品的设计要点后，我们可以开始绘制作品的设计框架与角色细节，再一步步实现动画效果。

3. 角色/背景分析

> 造型数量表示在作品中需要用到或出现的造型的数量。

角 色	造型数量	声 音	背 景
🐠 Fish（小鱼）	4个	—	
🦈 Shark（鲨鱼）	1个	—	
🪼 Jellyfish（水母1）	1个	—	
🪼 Jellyfish2（水母2）	1个	—	
⭐ Starfish（海星）	1个	Dance Around（跳舞）	Underwater 1（水下世界）

> 角色及背景名称后有"●"标记表示绘制的或在原有基础上需要进行修改的角色/背景。

4. 作品框架图

> 在开始制作前可以先通过作品框架图对需要完成的作品进行梳理。

5. 要点解析

> 当涉及多个角色，容易造成混淆时，可先通过图片了解所涉及的角色。

要点一：角色从左向右移动

角色列表：

第 1 章 知识介绍

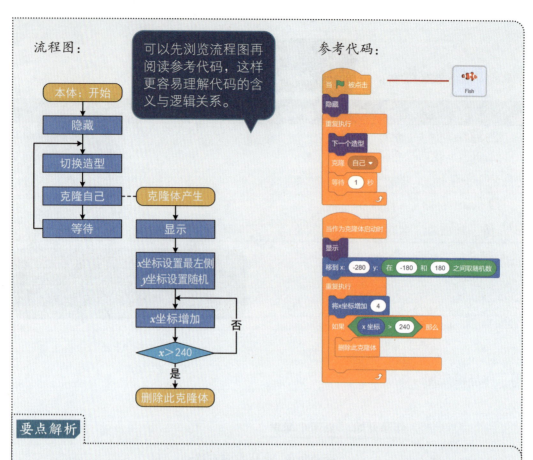

要点解析

在小鱼的这段代码里,我们只选用了一个角色,却让4种形态的小鱼不停地游动。其中的原因就在于小鱼的4种造型以及恰当地使用了克隆。在程序中,通过"下一个造型"积木让小鱼切换为不同的造型,在每次造型切换后紧接着又进行一次克隆,这样便得到了一条造型不断变换的小鱼。

通过设置,小鱼的克隆体重新显示在屏幕上,并且将其x坐标设定到最左端,y坐标设定为舞台高度间的一个随机数,这样克隆体就可能出现在屏幕左边的任意位置了。然后通过x坐标的增加让小鱼克隆体不断向右运动,并且在运动的过程中实时判断是否到达屏幕边缘($x>240$?),到达屏幕边缘就删除克隆体,否则角色会继续向右运动。

要点二:角色的说话与变色

角色列表:

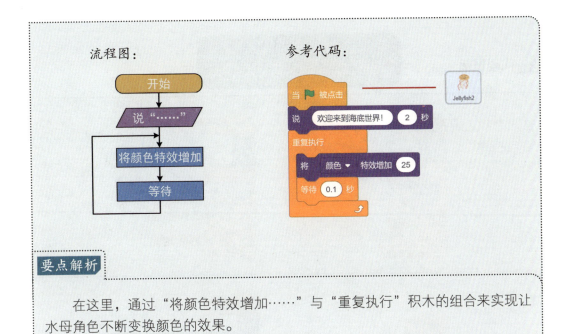

要点解析

在这里，通过"将颜色特效增加……"与"重复执行"积木的组合来实现让水母角色不断变换颜色的效果。

要点三：声音的播放

（1）在角色区选择海星，然后在屏幕左上角点击"声音"标签卡。

（2）点击屏幕左下角的按钮，然后在"可循环"分类里选择"Dance Around"声音。

（3）声音选择完成后在脚本区为海星编辑代码。

6. 代码展示

> 这里展示了作品中角色/背景的全部代码，方便代码查找。

Fish

当 🏁 被点击
隐藏
重复执行
　下一个造型
　克隆 自己▼
　等待 1 秒

当作为克隆体启动时
显示
移到 x: -280 y: 在 -180 和 180 之间取随机数
重复执行
　将x坐标增加 4
　如果 x坐标 > 240 那么
　　删除此克隆体

Shark

当 🏁 被点击
隐藏
重复执行
　克隆 自己▼
　等待 在 5 和 8 之间取随机数 秒

当作为克隆体启动时
显示
移到 x: -280 y: 在 -180 和 180 之间取随机数
重复执行
　将x坐标增加 4
　如果 x坐标 > 240 那么
　　删除此克隆体

Jellyfish

当 🏁 被点击
说 你好！ 2 秒
重复执行
　将 颜色▼ 特效增加 25
　等待 0.1 秒

Jellyfish2

当 🏁 被点击
说 欢迎来到海底世界！ 2 秒
重复执行
　将 颜色▼ 特效增加 25
　等待 0.1 秒

Starfish

当 🏁 被点击
重复执行
　播放声音 Dance Around▼ 等待播完

1.4 思维导图、流程图

细心的读者应该注意到了，在1.3节中出现了大量的图示用来描述分析的过程。这些图示可以帮助你更好地梳理出作品的框架与逻辑关系，为了在后面的内容中能够更好地应用这些图示，这里详细介绍一下这些图示。

1. 思维导图

思维导图又叫树状图，它的形状就像树干一样，从一根粗壮的树干（主题）分出越来越多的枝叶（次级标题）。思维导图可以有效地帮助我们梳理思路和框架结构，适用于教育、互联网、管理等各个行业。

一级标题一般出现在思维导图的上方或者左侧，并由此分出二级标题，在二级标题的基础上进而分出三级标题。次一级标题会更加详细地阐述上一级标题的内容或进行分类，由此产生以一级标题为主干的逐渐细分的结构。

观看思维导图时应由高级标题向低级标题观看（从左到右、从上到下），主要观察整体的结构关系与需要重点关注的环节。例如前文提到的《海底鱼群》的思维导图，我们应首先关注这幅导图是从哪几个方面（作品开始、角色、背景、声音）去拆分作品的，整体观看完导图后，重点关注我们想要了解的部分。出于对制作难度的考虑，大家有可能会产生对运动角色和静止角色制作方法的疑问，所以，在下文中将对角色制作的环节加以重点解释。你也可以带着疑问一边思考一边进行尝试，至此，这张导图就已经达到了帮你梳理框架与查漏补缺的作用。

2. 流程图

流程图是一种通过图形和符号将任务可视化的图示，广泛应用于产品开发、工业生产、工作管理、程序设计等众多领域。在编程中，流程图主要应用于算法描述，因此，本书为了清晰地阐述程序的编写方式，也采用了流程图的方法进行展示。

为了让你能够清晰地认识和绘制流程图，我们先来了解一下流程图中各种符号的含义。

符号	名称	含义
	开始/结束框	表示流程的开始与结束
	流程处理	表示需要处理的任务
	判断框	表示需要判断的条件
	输入/输出框	表示输入或输出数据
→	流程线	表示流程的走向
	页面内引用	流程图之间的接口，用于页面内的流转
	离页引用	流程图之间的接口，用于跨页流转

上表介绍了流程图中的一些基本符号，在绘制流程图时还应注意：

（1）为了提高流程图的逻辑性，流程图的绘制一般遵循从左到右、从上到下的原则；

（2）同一流程图内，符号大小应尽量保持一致；

（3）流程图的连接线尽量不要交叉或无故弯曲；

（4）判断框流出端应作出对应标记"yes""no""是""否"或根据实际情况标注；

（5）为了清晰地表明流程，必要时应采用专门的标注符号并加以说明。

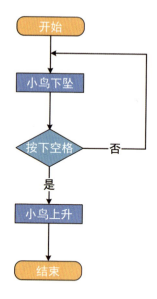

小提示

思维导图和流程图是可以清晰地表明设计作品的整体框架和操作流程的优秀工具，为了能够清晰地展示Scratch中程序的编程步骤，部分思维导图和流程图采用规范性较低的示意图来进行表示，以便于理解。

第 2 章 初级作品制作

2.1 小猴射箭

1. 学习目标

（1）掌握添加角色、背景的方法；
（2）初步了解角色绘制的方法；
（3）掌握使用侦测检测角色或按键的方法；
（4）掌握使用克隆让角色不断下落的技巧。

作品星级：👆

2. 作品分析

这个作品是一个小猴对不断下落的角色进行射击的小游戏，通过观察可以发现作品中有4个角色和1个变量。其中具有功能及操作的角色只有弓箭和攻击目标Nano（内诺），其余都是没有执行任何指令的。还有一个"分数"变量用来记录分数。值得注意的是弓箭的射击方式与返回的时间，以及Nano下落时的特点。

可以看到，弓箭在被射出之后碰到屏幕边缘便会返回小猴的手中，Nano会以不固定的时间间隔从不同的位置以几乎相等的速度下落。

3. 角色/背景分析

角 色	造型数量	声 音	背 景
草地	1个	—	Blue Sky 2（蓝天2）
小猴	1个	—	
Nano	2个	—	
弓箭	1个	—	

4. 作品框架图

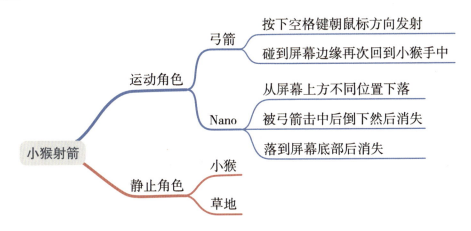

5. 要点解析

要点一：弓箭和草地角色的绘制

绘制"弓箭"角色：

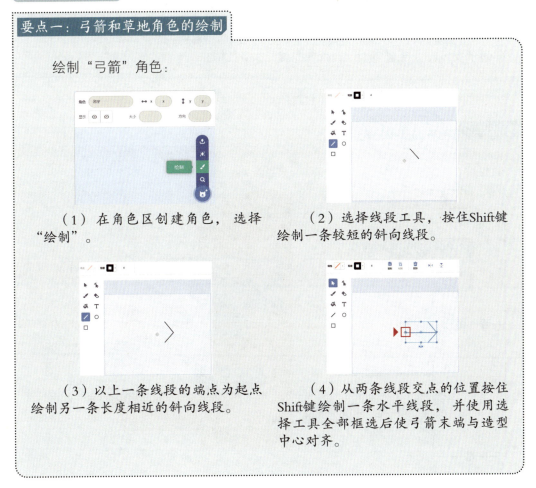

（1）在角色区创建角色，选择"绘制"。

（2）选择线段工具，按住Shift键绘制一条较短的斜向线段。

（3）以上一条线段的端点为起点绘制另一条长度相近的斜向线段。

（4）从两条线段交点的位置按住Shift键绘制一条水平线段，并使用选择工具全部框选后使弓箭末端与造型中心对齐。

绘制"草地"角色：

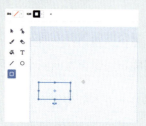

（1）创建新角色，使用矩形工具在画布上绘制一个长方形。

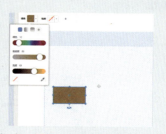

（2）将长方形的轮廓设为"0"；填充颜色参数设为"12，89，69"。

（3）在长方形上方绘制一个较窄的长方形，设置两个长方形宽度相同。

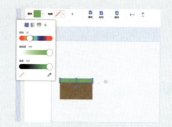

（4）修改填充颜色参数为"28，100，100"。

要点二：弓箭的发射和返回

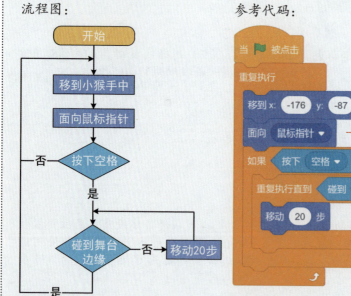

要点解析

仔细分析弓箭的运动方式，我们可以将其拆分为三个功能的组合：（1）射出弓箭；（2）发射时一直朝向鼠标指针的方向；（3）发射后回到小猴手中。分别通过③、②、①三组代码来实现。

为了给弓箭移动设定一个结束的时刻，这里使用了"重复执行直到……"积木块，让弓箭可以根据设定的条件，自行判断是否需要停止向前运行。

要点三：Nano 的产生和消失

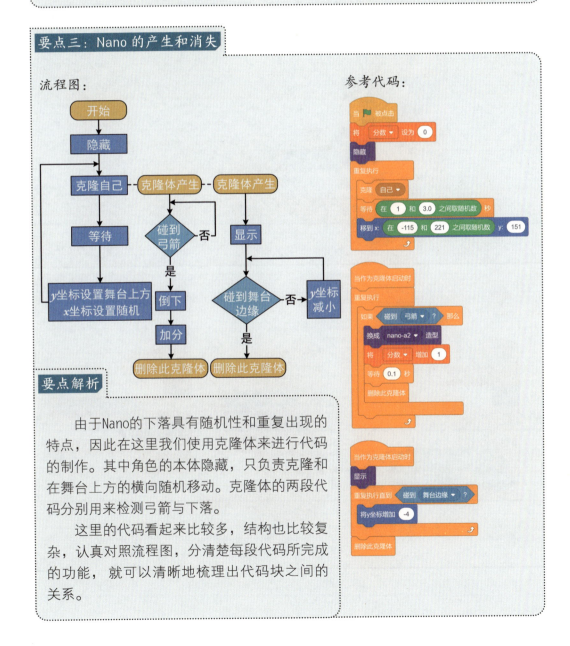

要点解析

由于Nano的下落具有随机性和重复出现的特点，因此在这里我们使用克隆体来进行代码的制作。其中角色的本体隐藏，只负责克隆和在舞台上方的横向随机移动。克隆体的两段代码分别用来检测弓箭与下落。

这里的代码看起来比较多，结构也比较复杂，认真对照流程图，分清楚每段代码所完成的功能，就可以清晰地梳理出代码块之间的关系。

> **思考一下**
>
> "弓箭"角色的发射和返回功能代码是一整块,而 Nano 克隆体的代码却拆分成了两段,请思考一下,何时可以拆分功能代码、何时需要组合运行呢?

6. 代码展示

弓箭

```
当 ▶ 被点击
重复执行
    移到 x: -176 y: -87
    面向 鼠标指针 ▼
    如果 按下 空格 键? 那么
        重复执行直到 碰到 舞台边缘 ▼ ?
            移动 20 步
```

Nano

```
当 ▶ 被点击
将 分数 ▼ 设为 0
隐藏
重复执行
    克隆 自己 ▼
    等待 在 1 和 3.0 之间取随机数 秒
    移到 x: 在 -115 和 221 之间取随机数 y: 151
```

```
当作为克隆体启动时
重复执行
    如果 碰到 弓箭 ▼ ? 那么
        换成 nano-a2 造型
        将 分数 ▼ 增加 1
        等待 0.1 秒
        删除此克隆体
```

```
当作为克隆体启动时
显示
重复执行直到 碰到 舞台边缘 ▼ ?
    将y坐标增加 -4
删除此克隆体
```

2.2 瞄准射击

1. 学习目标

（1）加深理解角色的绘制方式；
（2）初步掌握作品的设计思路；
（3）初步了解变量的使用方式；
（4）掌握检测颜色积木的使用。

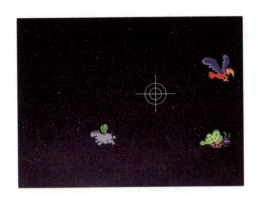

作品星级：

2. 作品分析

这是一款射击类小游戏，开始制作之前，我们需要观察或者构思作品中的每个角色分别要做哪些事情。从这个案例中可以看出，舞台上一共有4个角色，其中3个是当作射击目标的飞行动物角色，需要在舞台上进行随机运动，还有1个是用鼠标进行控制的瞄准镜角色，瞄准镜跟随鼠标移动。当按下鼠标的时候将切换为射击造型，因此每一个角色都至少要具备两个造型。

3. 角色/背景分析

角 色	造型数量	声 音	背 景
Parrot（小鸟）	2个	Coin（硬币）	
Butterfly2（蝴蝶）	2个	Coin（硬币）	
Hippo1（河马）	2个	Coin（硬币）	Stars（星星）
瞄准镜	2个	Bossa Nova（波萨诺瓦）	

4. 作品框架图

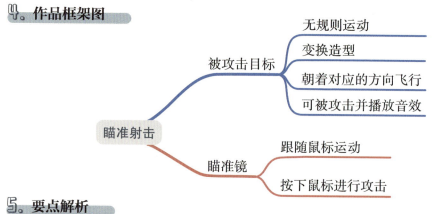

5. 要点解析

要点一：如何让角色自己判断飞行方向

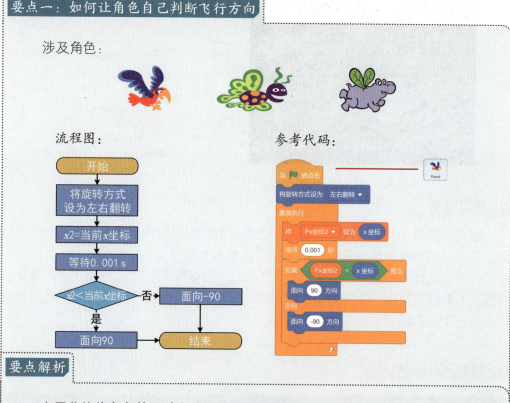

要点解析

由于此处将角色的运动方式设为 [在 1 秒内滑行到…随机位置▼]，因此无法确定下一次角色将要移动到的位置，也就没有办法通过固定的代码来更改角色面向的方向。在这里需要添加一个新的变量，该变量用来存储角色在0.001 s前的 x 坐标位置，然后将其与当前的 x 坐标进行比较。通过比较我们可以得到角色的运动方向：如果前一秒的坐标大于当前的值，说明角色在向左运动；如果前一秒的坐标小于当前的值，说明角色在向右运动。接下来，我们只需要针对不同的情况设定不同的方向就可以了。

要点二：瞄准镜的绘制与代码优化

绘制瞄准镜：

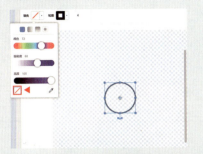

（1）选择绘制圆形工具，按住Shift键，在舞台中央画出一个圆形，设置填充颜色为"透明"。

（2）切换选择工具，选中刚刚绘制的圆形，依次单击"复制""粘贴"。

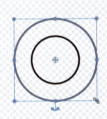

（3）放大其中一个圆形，然后将两个圆移动至与造型中心对齐的位置。

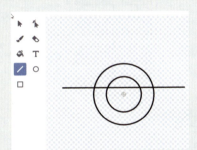

（4）选择线段工具，按住Shift键绘制一条水平直线。

（5）复制一条相同的线段，按住Shift键并拖动旋转标记，将其中一条线段旋转成竖直方向。

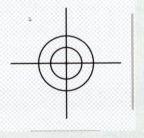

（6）将两条线段与造型中心对齐。

（7）复制造型1，修改造型2中心圆形的填充颜色，并将其放在最前面。

瞄准镜代码优化：

流程图：　　　　　　　　　　　参考代码：

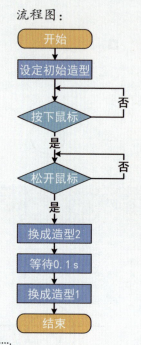

要点解析

在流程图中可以清楚地看到程序中进行了两次判断，从功能实现的角度来讲，其实通过第一次判断就可以完成，第二次判断是为了防止出现鼠标长按瞄准镜不断闪烁的异常情况。因此我们通过两次判断将代码逻辑优化为只有在鼠标按下并且松开之后才会进行射击，避免鼠标长按影响游戏效果。编程过程中要记得设定角色的初始状态，这是一个良好的习惯。

要点三：编写角色被攻击的代码

涉及角色：

通过以上操作，你已经基本完成了一个拥有瞄准镜和被攻击目标的游戏界面，接下来，如何通过代码实现角色被攻击的效果呢？

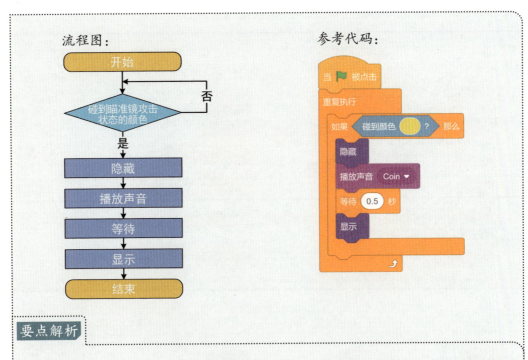

要点解析

在这个作品中,通过颜色识别积木来判断角色是否受到攻击,这个颜色一定要与你为瞄准镜的造型2填充的颜色相同。除此之外,大家也可以开动脑筋设计其他的攻击检测方式。角色受到攻击后,通过"隐藏"自身,对攻击效果进行反馈,同时播放音效(音频需要事先添加,而且不随着代码的复制而复制)。

6. 代码展示

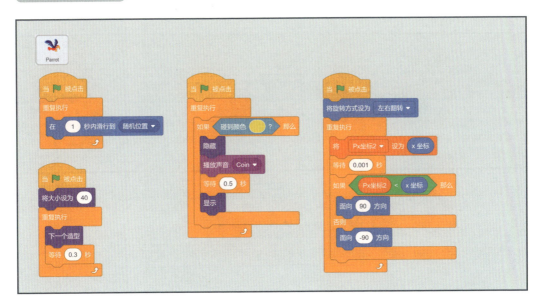

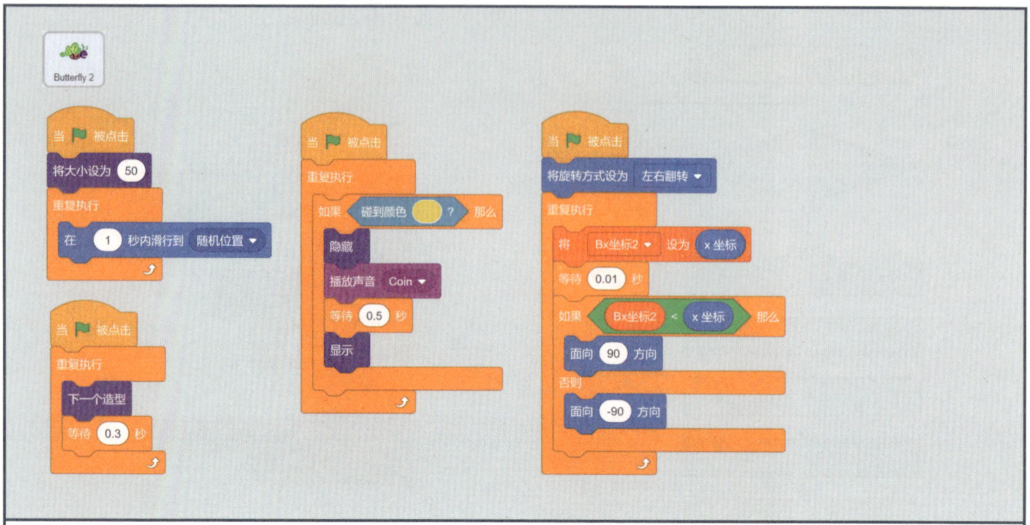
Butterfly 2
当 被点击
将大小设为 50
重复执行
在 1 秒内滑行到 随机位置
当 被点击
重复执行
下一个造型
等待 0.3 秒
当 被点击
重复执行
如果 碰到颜色 ? 那么
隐藏
播放声音 Coin
等待 0.5 秒
显示
当 被点击
将旋转方式设为 左右翻转
重复执行
将 Bx坐标2 设为 x坐标
等待 0.01 秒
如果 Bx坐标2 < x坐标 那么
面向 90 方向
否则
面向 -90 方向

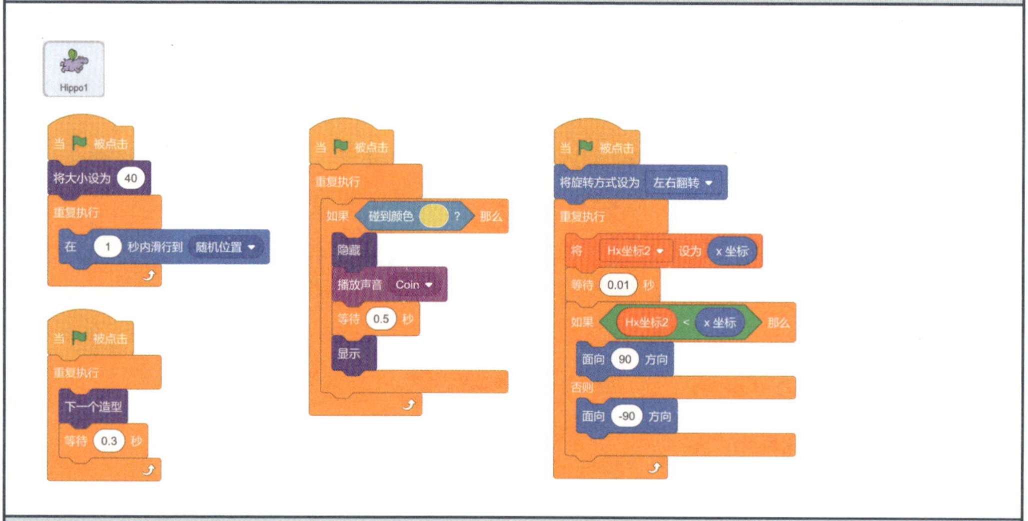
Hippo1
当 被点击
将大小设为 40
重复执行
在 1 秒内滑行到 随机位置
当 被点击
重复执行
下一个造型
等待 0.3 秒
当 被点击
重复执行
如果 碰到颜色 ? 那么
隐藏
播放声音 Coin
等待 0.5 秒
显示
当 被点击
将旋转方式设为 左右翻转
重复执行
将 Hx坐标2 设为 x坐标
等待 0.01 秒
如果 Hx坐标2 < x坐标 那么
面向 90 方向
否则
面向 -90 方向

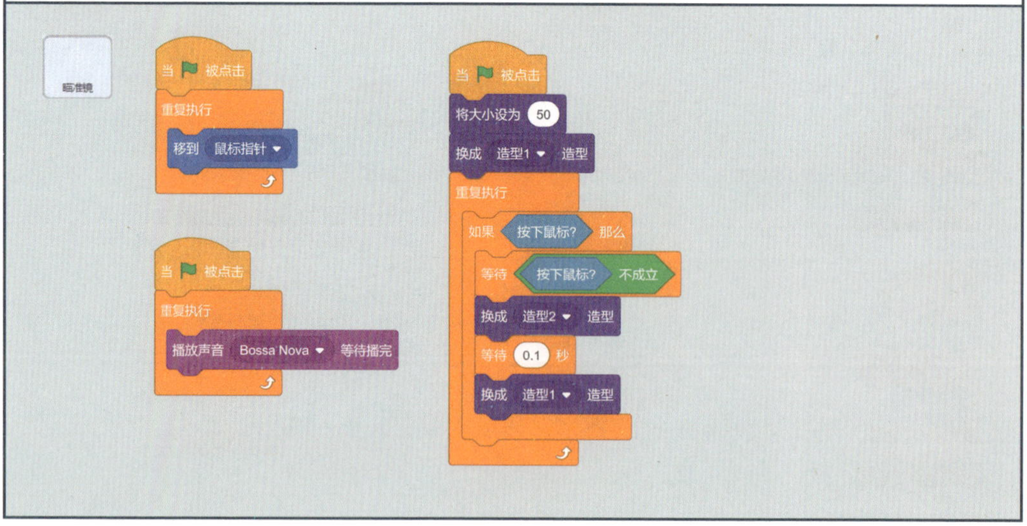
瞄准镜
当 被点击
重复执行
移到 鼠标指针
当 被点击
重复执行
播放声音 Bossa Nova 等待播完
当 被点击
将大小设为 50
换成 造型1 造型
重复执行
如果 按下鼠标? 那么
等待 按下鼠标? 不成立
换成 造型2 造型
等待 0.1 秒
换成 造型1 造型

2.3 打击乐键盘

1. 学习目标

（1）掌握角色的不同填充方式；
（2）掌握播放声音积木的使用；
（3）理解按键按下与松开的代码设计；
（4）能够根据程序需要，较好地将造型、按键与音效进行统一。

作品星级：

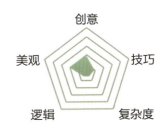

2. 作品分析

在这个作品中，我们要进行一场炫酷的声音实验。生活中大家经常听到动听的音乐和节奏，这些大多是由乐器演奏出来的。本案例中，使用Scratch来制作一个用来弹奏音乐的键盘，在代码的控制下，按下数字键盘即可产生指定的声音效果，同时舞台上对应的按钮角色也会显示相应的动态效果。

3. 角色/背景分析

角 色	造型数量	声 音	背 景
按键1	2个	Tom Drum（鼓）	
按键2	2个	Tap Conga（手鼓）	Spotlight（聚光灯）
按键3	2个	Snare Drum（小军鼓）	
按键4	2个	Snap（折断）	

续表

角　色	造型数量	声　　音	背　景
按键5	2个	Small Cowbell（小牛铃）	
按键6	2个	Large Cowbell（大牛铃）	
按键7	2个	Kick Drum（踏板鼓）	
按键8	2个	Hi Tun Tabla（手鼓）	
按键9	2个	Gong（锣）	

4. 作品框架图

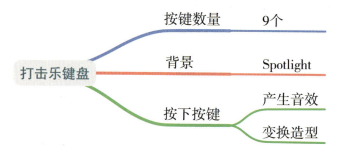

5. 要点解析

要点一：按键的绘制

在这个作品中，9个按键的绘制方式类似，只需要进行不同颜色的填充。也可以绘制其他的键盘形态。下面给出其中一个按键的绘制方式与其他按键的颜色参数，以供参考。

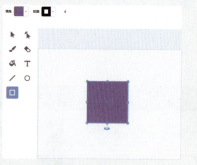

（1）选择绘制矩形工具，按住键盘上的Shift键画出一个正方形。

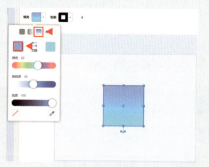

（2）将填充方式更改为上下渐变填充，修改填充颜色参数为"60，48，100"。

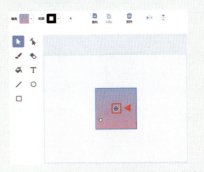

（3）将另一个填充颜色参数设定为"88，40，100"。

（4）拖动正方形使其中心对准造型中心。

（5）复制造型1。

（6）切换选择工具，选中正方形，将其轮廓参数修改为10。

各角色填充颜色参数如下：

按键1	按键2	按键3	按键4	按键5
72，48，100	58，58，100	81，48，100	49，48，100	14，61，100
22，48，100	38，58，100	9，58，100	89，35，100	5，40，100
按键6	按键7	按键8	按键9	
3，48，100	60，48，100	17，48，100	21，48，100	
26，40，100	88，40，100	55，42，100	98，43，100	

注意：绝大部分按键采用和示例相同的上下渐变填充，其中按键5采用的是中心渐变填充。

要点二：按键的按动效果与声音播放

涉及角色：

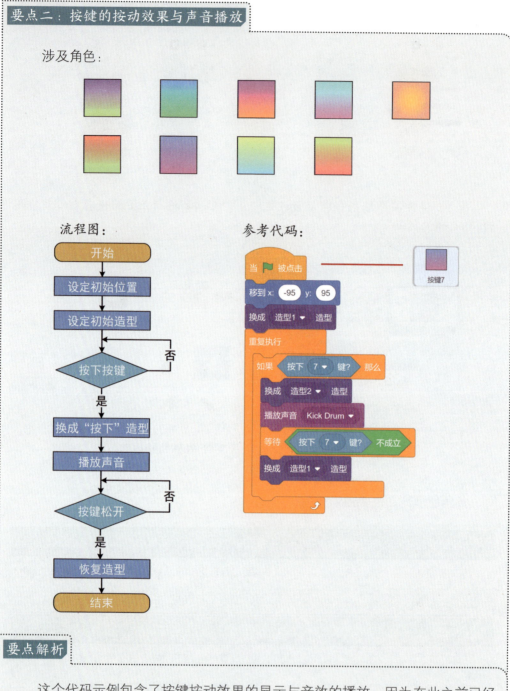

流程图：

参考代码：

要点解析

这个代码示例包含了按键按动效果的显示与音效的播放。因为在此之前已经为各个按键设定了按下后的造型（边缘加粗），所以需要让角色可以侦测到对应的按键被按下，并且同时切换按钮造型。通过侦测模块中的"按下……键"可以实现按键的侦测，这里需要注意两次造型切换之间的对应次序关系。

第一次需要检测到按键的按下,第二次则需要等待按键松开才可以恢复原造型,也就是所谓的"按下"实际上包含"按下"和"松开"两个动作,通过流程图我们可以清晰地看到应用了两次判断。否则只检测按下状态的话,在按下的过程中将会产生重复检测的效果。这里的按钮效果的绘制与制作可以仔细研究,以后可以应用到大型的编程案例中。

添加播放声音的代码之前一定要先从声音标签库中选取对应的音效,在这里需要让声音的播放与后面的代码同时进行,故选择的是"播放声音……"积木,而不是"播放声音……等待播完"积木。

6. 代码展示

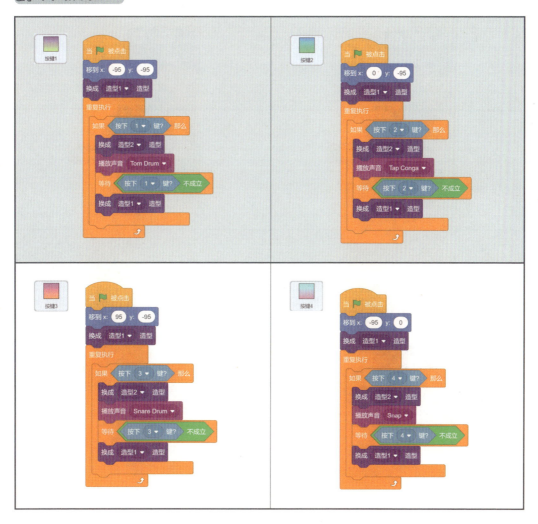

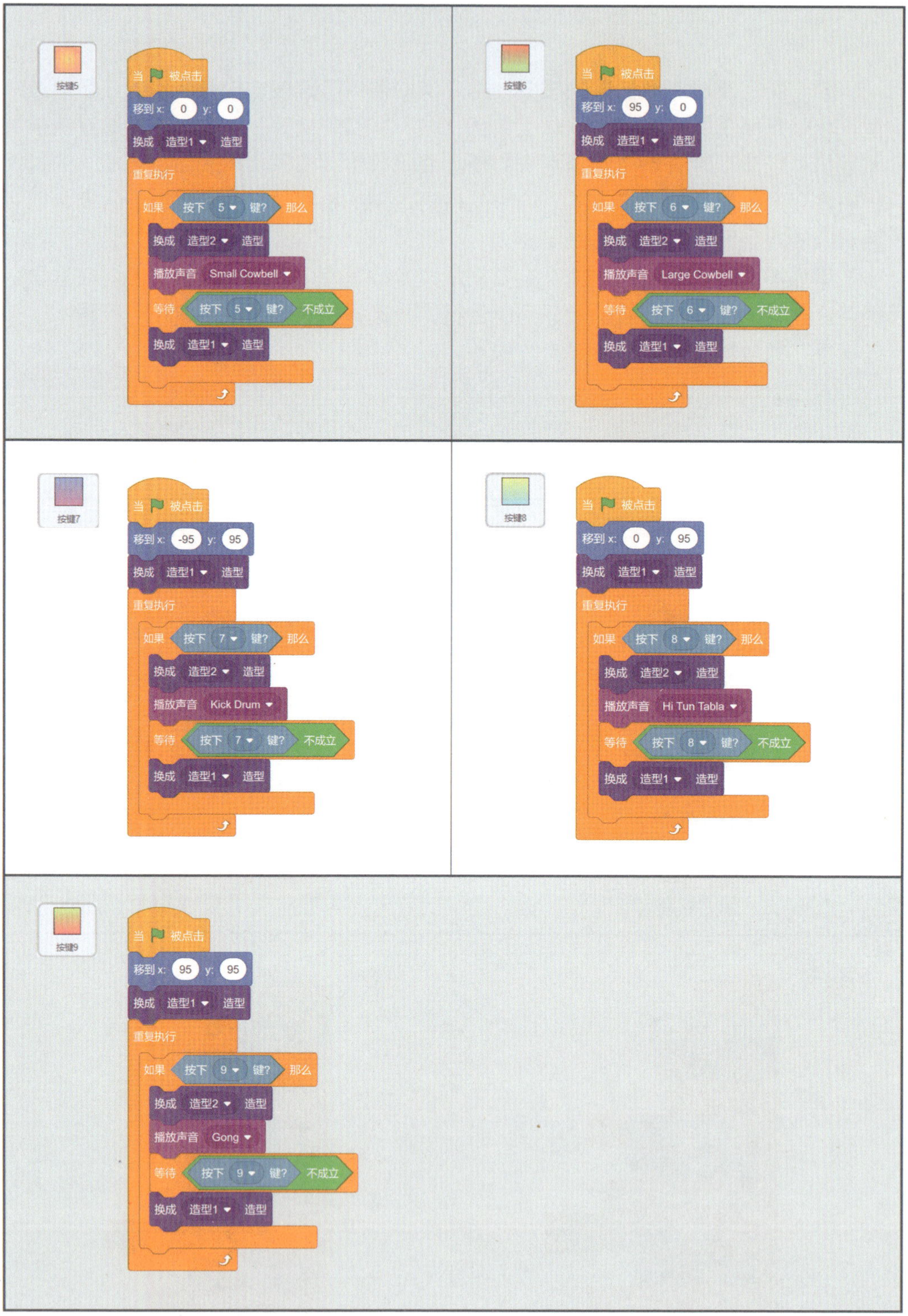
按键5
当 被点击
移到 x: 0 y: 0
换成 造型1 造型
重复执行
如果 按下 5 键? 那么
换成 造型2 造型
播放声音 Small Cowbell
等待 按下 5 键? 不成立
换成 造型1 造型
按键6
当 被点击
移到 x: 95 y: 0
换成 造型1 造型
重复执行
如果 按下 6 键? 那么
换成 造型2 造型
播放声音 Large Cowbell
等待 按下 6 键? 不成立
换成 造型1 造型
按键7
当 被点击
移到 x: -95 y: 95
换成 造型1 造型
重复执行
如果 按下 7 键? 那么
换成 造型2 造型
播放声音 Kick Drum
等待 按下 7 键? 不成立
换成 造型1 造型
按键8
当 被点击
移到 x: 0 y: 95
换成 造型1 造型
重复执行
如果 按下 8 键? 那么
换成 造型2 造型
播放声音 Hi Tun Tabla
等待 按下 8 键? 不成立
换成 造型1 造型
按键9
当 被点击
移到 x: 95 y: 95
换成 造型1 造型
重复执行
如果 按下 9 键? 那么
换成 造型2 造型
播放声音 Gong
等待 按下 9 键? 不成立
换成 造型1 造型

2.4 派对换装

1. 学习目标

（1）进一步掌握造型变化在作品设计中的应用；
（2）进一步掌握按钮的绘制方法；
（3）掌握通过按钮控制音乐播放与关闭的方法；
（4）进一步理解声音积木的使用。

作品星级：👍

2. 作品分析

换装游戏相信大家都接触过，本案例将使用Scratch来制作一款换装游戏，作品中大量运用造型的知识，设定每点击一次就可以为人物换上一件新衣服，所以首先要让角色能够侦测到被点击。为了让作品效果更加丰富，还添加了音乐播放控制按钮和背景切换按钮。

3. 角色/背景分析

角色		造型数量	声音	背景	
	哈珀	1个	—	1. Bedroom 3（卧室3）	2. Forest（森林）
	眼镜	4个	—		
	裤子	2个	—		
	T恤	1个	—		

续表

角　色	造型数量	声　音	背　景	
鞋	4个	—	3. Blue Sky（蓝天）	4. Colorful City（多彩城市）
领结	1个	—		
帽子	3个	—		
按钮1	2个	Elec Piano Loop（电子钢琴）	5. Winter（冬景）	6. Spotlight（聚光灯）
按钮2	1个	—		

4. 作品框架图

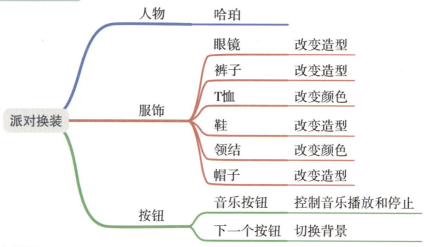

5. 要点解析

要点一：服饰位置的摆放

涉及角色：

可以通过鼠标拖动或者设置坐标来调整各个服饰角色的精确位置，以达到最好的呈现效果。这里建议在每一个角色拖动到指定位置后附带一段"移到"代码，限定程序开始时的角色位置，这样可以避免在可编辑模式下因鼠标拖动所造成的影响，代码如下（以帽子为例）：

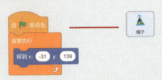

在这个作品中，还涉及很多角色在同一舞台区域密集出现的情况，此时就需要考虑角色间重叠部分对作品效果的影响。通过观察和实践我们可以发现，其中存在重叠关系的有领结和T恤、T恤和裤子、鞋和裤子。为了不影响作品的呈现效果，应该让各组中的前者在前面，不被遮挡。那么就需要在代码中添加控制角色层次顺序的积木块。

使用这两种积木块可以调整角色间的叠放次序，具体该如何实现，大家可以按照自己的代码编辑方式来调整。在本节的代码展示部分给出了一种可行的方式供大家参考。

要点二：音乐按钮的绘制及代码编辑

绘制按钮：

（1）选择矩形工具，在画布上绘制一个长方形作为按钮。

（2）填充颜色参数为"50, 37, 100"，轮廓颜色参数为"8, 100, 100"，轮廓粗细设置为"1"。

（3）选择文本工具，设置文本区填充颜色为与边框相同的颜色，然后在按钮中输入"音乐"文字。

（4）切换选择工具，拖曳右下角使文字放大，并放置在按钮中心位置。

（5）右击造型1，选择复制。

（6）修改造型2的文本轮廓与按钮轮廓，使其看上去比原来粗一些。这里文本设置为5；长方形设置为15。

按钮1代码——造型控制功能：

按钮1代码——音乐控制功能：

流程图：

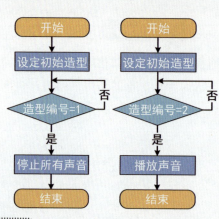

参考代码：

要点解析

我们将按动按钮播放音乐的动作拆分为两个功能的组合：

（1）点击按钮切换造型；

（2）通过按钮造型编号判断音乐的播放与暂停。

原本复杂的按动播放效果就被简化成了造型编号与播放音乐的关系，这样便容易理解以上两段代码的作用了。在第2段代码中要注意设定程序运行时的初始按键造型。这里使用到了外观模块中不常用到的"造型编号"积木，这个积木还可以对"造型名称"进行编程，熟悉这些代码的使用可以让程序代码更加简洁高效。

添加播放声音的代码之前需要先从声音库中选取对应的音乐，与上节的内容不同，此处我们需要用到"播放声音……等待播完"。请你思考一下：何时需要使用"播放声音……"？何时需要使用"播放声音……等待播完"？

6. 代码展示

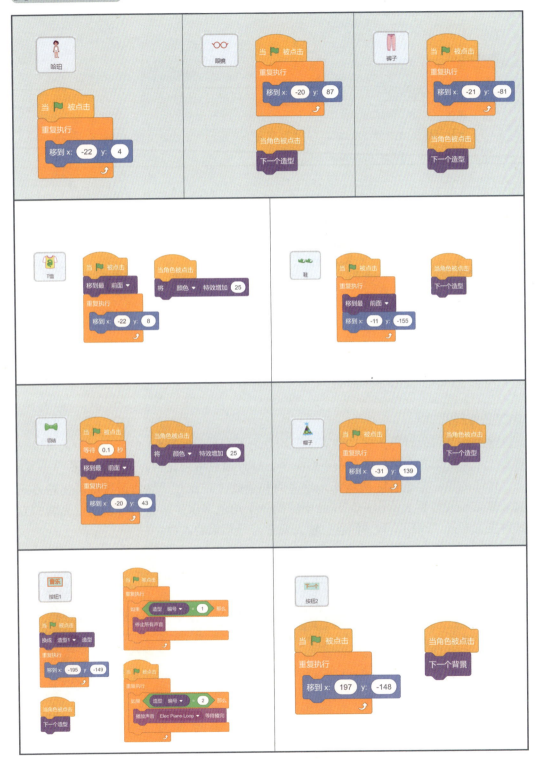

2.5 苹果计算器

1. 学习目标

（1）掌握侦测模块中询问与回答的使用；
（2）理解"克隆"的使用方式；
（3）掌握运算模块中的"除法""余数""向下取整"等积木的使用；
（4）初步了解广播功能的使用。

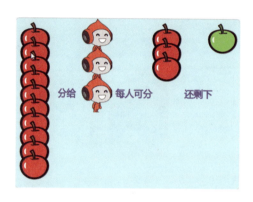

作品星级：

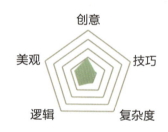

2. 作品分析

这个作品可以计算出将10个苹果平均分给不同数量（1~5）的人后每个人可以分得多少个，如果有余数的话会余下多少个，并且通过可视化的方式表现出来。

作品的核心是进行除法运算，求得商和余数，难点在于如何通过可视化的方式将计算结果及过程表示出来。作品中的同一个角色多次显示我们可以通过克隆的方式解决，通过"询问"和"回答"输入要参与分苹果的人数。

3. 角色/背景分析

角 色	造型数量	声 音	背 景
比科	1个（造型2）	—	Blue Sky 2（蓝天2）
Apple（苹果）	1个	—	
Apple2（苹果2）	1个	—	
Apple3（苹果3）	1个	Connect（连接）	

4. 作品框架图

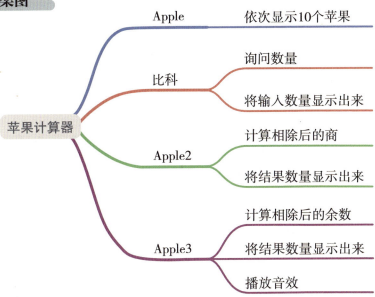

5. 要点解析

要点一：舞台背景的绘制

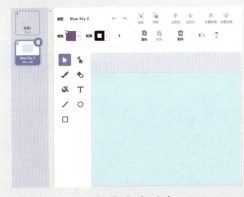

（1）从背景库中选择"Blue Sky 2"背景。

（2）选择文本工具，分别输入"分给""每人可分""还剩下"。

小提示

此处可自行设计文字颜色及其他参数，示例作品中文字颜色和轮廓颜色参数为"67，65，100"，轮廓粗细为2；文字位置可先进行大致调整，后面根据角色位置再确定。

要点二：比科代码的制作

通过框架图可以看出，作品中大部分角色需要完成相同的功能，比如计算、复制显示。下面将以"比科"的代码为例介绍代码的结构，其他角色的代码与其稍有区别，但大体相似。

参考代码：

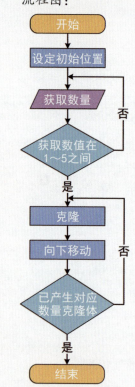

流程图：

要点解析

这段代码里面包含了几个重点：首先可以在流程图中直观地看到一个新出现的形状，对照前面的表格可以知道菱形在流程图中表示程序的输入和输出。本程序中通过输入获取人数。这就需要用到 询问 并等待 与 回答 积木了，通过"询问……并等待"可以在舞台上显示要询问的内容并提供一个接收输入信息的窗口，在窗口内输入信息并确认后，所输入的内容就会存储在"回答"积木里面供我们按需调用。

在这段代码中对"获取"数值与克隆的次数进行了判断，通过运算模块里的比较积木和逻辑运算积木来完成数值范围的判断。"与"积木代表的是逻辑运算中的"与运算"，表示两侧的判断需要同时成立的情况。由于没有对"比科"这个角色的本体进行隐藏，因此为了正确显示数量，需要进行"获取数量-1"次克隆。

小提示

其他角色的代码与其类似，需要注意的是在处理运算结果时要使用正确的运算积木。各个角色间的功能执行具有先后关系，需要合理地使用广播与接收消息，注意广播与接收消息在程序中的逻辑顺序，只有逻辑顺序对了才能达到正确的效果。

6. 代码展示

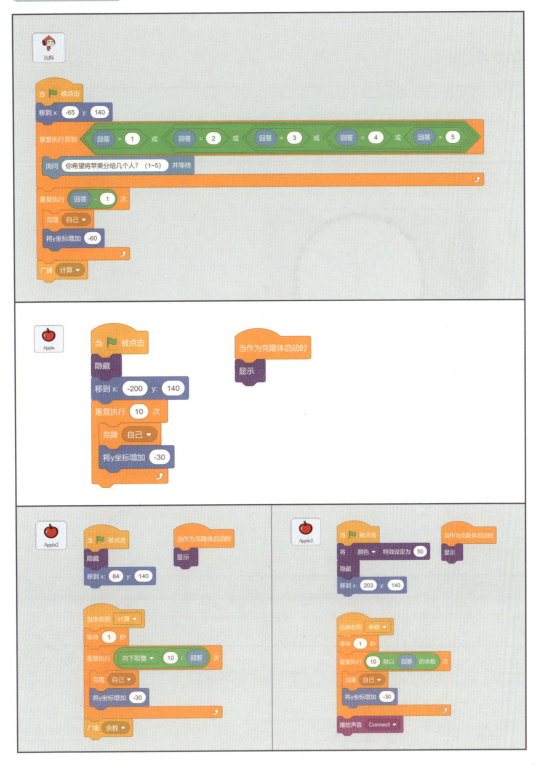

第2章 初级作品制作

2.6 青蛙报时

1. 学习目标

（1）掌握使用克隆功能优化角色生成效果的技巧；
（2）掌握角色绘制过程中变形工具的使用；
（3）理解造型中心的含义与用途；
（4）理解当前时间与指针方向的数学对应关系。

作品星级：

2. 作品分析

在这个作品中，我们需要完成一个可以自行走动的指针式钟表，其中包含表盘和表针的制作，以及可以播报当前时间的青蛙。要完成这个作品，需要了解指针式钟表的表盘结构，并对角度的知识有一定的掌握。

3. 角色/背景分析

角色	造型数量	声音	背景
表盘	4个	—	
秒针	1个	—	
分针	1个	—	Desert（沙漠）
时针	1个	—	
Frog（青蛙）	1个	—	

4. 作品框架图

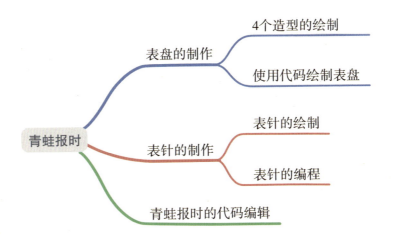

5. 要点解析

要点一：表盘的绘制及代码编写

表盘角色有4个造型，分别代表表盘、时针刻度、分针刻度、表盘中心。

接下来分别看一下各个造型的绘制方法及绘制要点：

造型1：

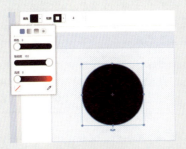 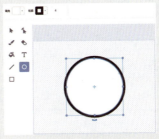

（1）选择圆形工具，按住Shift键绘制一个较大的圆形，填充为黑色。

（2）再绘制一个较小的圆形，填充为白色，将两个圆形的中心与造型中心对齐。

造型2、造型3：

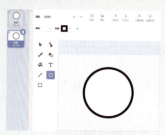
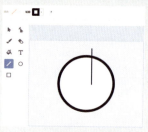

（1）将造型1复制一份。

（2）在复制出的造型2中使用线段工具，将轮廓粗细调整为7，按住Shift键绘制一条竖线。

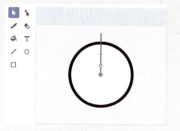

（3）切换选择工具，拖动线段使其下端与造型中心对齐。

（4）使用橡皮擦擦除线段上方和下方部分，只保留在圆内与其相交的一小部分。

（5）使用选择工具，选中并删除其余部分。（造型2完成）

（6）复制造型2，在造型3中使用橡皮擦工具从下端将其擦除1/3左右。（造型3完成）

造型4：

新建造型，使用圆形工具，在造型中心处绘制一个很小的圆形，将其轮廓设置为0；填充方式设置为中心渐变，填充颜色参数为"0，100，100"和"10，100，100"，使其与造型中心对齐。

表盘的代码编写：

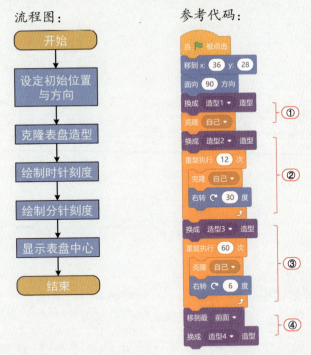

要点解析

这段代码实现了使用同一个角色的多个造型来绘制钟表表盘的过程，通过多次克隆，使用4个简单的造型，就能绘制出一个完整的钟表刻度盘。首先需要清楚各个造型在表盘中的作用，明确造型用于整体表盘的位置，在确定好初始位置后先通过克隆将表盘固定下来，也就是代码①所代表的部分。

接下来需要绘制表盘上时针的刻度线，我们知道时针在表盘上有12个刻度，所以需要在切换为造型2后重复执行12次克隆，每一次旋转的度数是30°（360°÷12），每次克隆后进行旋转为下一次克隆做准备，也就是代码②所表示的含义。代码③和代码②类似，只不过由于分针的刻度有60个，所以对应的克隆次数与每次的旋转角度需要作相应的调整。

最后，为了表盘的美观，可以让提前制作好的造型4，即表盘中心在所有造型的最上层（前面）显示，这样就完成了一个完整的时钟表盘的绘制。

要点二：表针的绘制及代码编写

涉及角色：

绘制表针：

（1）创建空白角色后先将其位置调整为与表盘相同（36，28），然后使用矩形工具绘制一个长方形，使其底部中心对准造型中心。

（2）将其轮廓设置为0，填充方式设为左右渐变，填充颜色参数分别为"50，82，100""18，100，87"。

 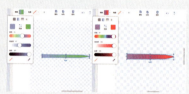

（3）将画布放大，使用变形工具点击长方形右边的中心，向右拖动，左右两点稍向内拖动，形成锥形。

（4）分针和时针可复制已经绘制好的秒针的角色，修改长度、宽度和颜色即可。分针的颜色填充参数为"61，47，100""32，100，84"；时针的颜色填充参数为"77，47，100""97，100，100"。

表针的代码编写：

要点解析

侦测模块的"当前时间的时/分/秒"积木，可以用来获取当前操作系统的时间。接下来需要通过代码把时间转化成表盘中的角度，让表针指向对应的刻度。

分针在表盘上共有60个刻度，每个刻度间的间隔为6°（360°÷60），因此，当前时间的分钟数所对应的数值乘以6就表示分针从0°所转过的角度，即当前分针所面向的方向。

在时针的代码中加入了分针对表针转动的影响，除了需要让指针面向当前时间的时乘以30（360°÷12）外，还需要将当前时间的分换算成小时数。

以上指令使表针可以根据时间进行转动，考虑到会出现3个指针重合的情况，因此在后续代码中优化了各个指针的叠放层次关系。详见代码展示板块。

要点三：青蛙的代码编写

参考代码：

```
当 🏁 被点击
重复执行
    说 连接 现在是 和 连接 当前时间的 时▼ 和 连接 时 和 连接 当前时间的 分▼ 和 分
```

要点解析

"青蛙"需要将当前系统时间的时和分连成一句话说出来，这就需要用到"连接……和……"积木块了，这个积木块可以实现字符或字符串的连接。这里需要连接的元素一共分为5个部分，包括"现在是""时间（时）""时""时间（分）""分"，因此需要使用4个积木块来完成字符或字符串的连接，使它们形成具有完整含义的一句话。

6. 代码展示

表盘

```
当 🏁 被点击
移到 x: 36 y: 28
面向 90 方向
换成 造型1▼ 造型
克隆 自己▼
换成 造型2▼ 造型
重复执行 12 次
    克隆 自己▼
    右转 ↻ 30 度
换成 造型3▼ 造型
重复执行 60 次
    克隆 自己▼
    右转 ↻ 6 度
移到最 前面▼
换成 造型4▼ 造型
```

第 2 章 初级作品制作 047

秒针

当 🚩 被点击
移到最 前面 ▼
重复执行
　面向 当前时间的 秒 ▼ * 6 方向

分针

当 🚩 被点击
等待 0.01 秒
移到最 前面 ▼
重复执行
　面向 当前时间的 分 ▼ * 6 方向

时针

当 🚩 被点击
等待 0.02 秒
移到最 前面 ▼
重复执行
　面向 当前时间的 时 ▼ + 当前时间的 分 ▼ / 60 * 30 方向

Frog

当 🚩 被点击
重复执行
　说 连接 现在是 和 连接 当前时间的 时 ▼ 和 连接 时 和 连接 当前时间的 分 ▼ 和 分

2.7 新年贺卡

1. 学习目标

(1) 熟练使用绘制工具进行角色及背景的绘制;
(2) 掌握角色逐渐显示、左右摇摆、闪动、逐渐放大等效果的制作;
(3) 掌握克隆与随机数的使用;
(4) 初步掌握画笔的使用。

作品星级: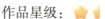

2. 作品分析

这个作品是使用Scratch制作一张新年主题的电子贺卡,其中包含了不少设计元素以及相关的编程技巧。

首先是对电子贺卡整体作品的构思,需要模拟一张真实贺卡的效果,包括封面页、点击按钮以及翻页效果等。

打开贺卡后需要有一些装饰性的元素出现,祝福内容通过文字的形式呈现。在具体实现设计的过程中,要考虑如何为角色编程以实现上述效果,比如贺卡的翻页可以通过造型的连续切换实现;角色的逐渐显现和消失可以用特效实现;雪花的下落和第2.1节的Nano下落有着类似之处; 如何实现线条的绘制是一个值得思考的问题……接下来让我们带着思考和疑问开始制作吧!

3. 角色/背景分析

角 色		造型数量	声 音	背 景
	新年快乐	1个	Guitar Chords1 (吉他和弦1)	
	Gift (礼物)	1个	—	

第2章 初级作品制作 049

续表

角　色	造型数量	声　音	背　景
按钮	1个	—	
Heart（心）	1个	—	
Snowflake（雪花）	1个	—	
画笔	1个	—	
文字1	1个	—	
文字2	1个	—	
文字3	1个	—	
文字4	1个	—	

背景：贺卡 X14

4. 作品框架图

新年贺卡
- 封面页
  - 新年快乐、礼物盒逐渐出现
  - 礼物盒左右晃动
  - 按钮出现并闪动
- 贺卡打开
  - 点击按钮后封面页角色逐渐消失
  - 切换背景贺卡打开
- 贺卡内容页
  - 雪花下落
  - 心形效果出现
  - 绘制横线
  - 文字逐行出现

5. 要点解析

要点一：新年快乐及按钮的绘制

涉及角色：

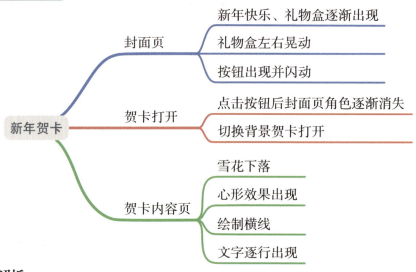

"新年快乐"的绘制：

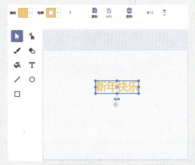

（1）绘制新角色，选择文本工具输入"新年快乐"。

（2）切换选择工具，将其颜色填充参数设为"13，60，100"，轮廓为相同颜色，粗细为1，可适当将文字放大。

（3）使用文本工具，输入英文"HAPPY NEW YEAR"。

（4）将英文内容全部选中后设置字体为"Serif"（如果电脑中没有这个字体也可以选择别的英文字体）。

（5）切换到选择工具，拖曳右下角调整英文字符宽度，使其与中文宽度一致，再调整两组文字的相对位置。

"按钮"的绘制：

（1）使用矩形工具绘制一个矩形，将其颜色填充参数修改为"0，64，100"，轮廓为黑色，粗细为2。

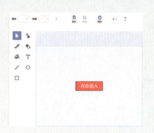

（2）使用文本工具输入文字"点击进入"，将其颜色调整为白色，轮廓为相同颜色，粗细为1。

要点二：角色的逐渐出现

涉及角色：

参考代码：

要点解析

角色的逐渐显现和逐渐消失可以使用"虚像"积木来完成，如果对这个积木还不熟悉的话，可以先尝试一点一点增加特效数值并观察角色的变化。

虚像特效默认的值是0，也就是角色完全显示，不受任何影响的状态。随着虚像特效的逐渐增加，角色会在舞台上逐渐变淡，当虚像特效值增加到100时，角色就会变得透明不可见。借助虚像特效，可以在程序中制作角色不断出现的效果。

首先将虚像特效设为100，即完全消失的状态。然后让虚像特效逐渐减小直至为0，角色就会由消失的状态逐渐出现在舞台上了。有了过渡效果，角色的出现和消失过程将会变得更精致，熟练使用虚像积木可以帮助我们制作一些更加精美的作品。

小提示

随着程序的运行和停止，虚像特效会被重置，程序中需要的时候也可以使用 `清除图形特效` 积木清除特效。

要点三：背景的绘制

这个作品中一共用到14个背景，用于贺卡打开时的翻动动画效果。背景的数量影响着翻页效果的流畅度，实际操作中可以根据实际需要决定连续背景的绘制数量。下面将以其中几个页面为例，展示连续背景的绘制方法，以供参考。

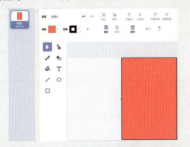

（1）在背景绘制页面绘制一个占据舞台一半的长方形，调整填充颜色参数为"0，60，100"，轮廓为黑色，粗细为4。（背景1完成）

（2）复制一个同样的长方形放在原有长方形的正上方，对齐。

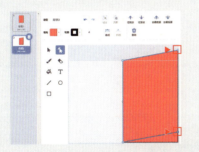

（3）使用变形工具，将上面的长方形右上角和右下角向上拖动一定角度，尽量保持上下边角度相同。

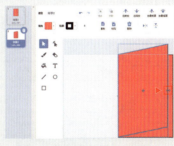

（4）切换选择工具，将上面的长方形右侧的边向左拖动，使其宽度小于下方长方形。

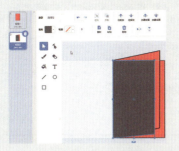

（5）复制上面的平行四边形，使用同样的方法将其宽度调整至略小于平行四边形，顶部和底部角度适当缩小一些，填充颜色参数为"0，0，41"，轮廓为0。

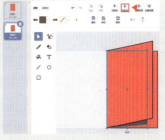

（6）点击"往后放"按钮，使其在长方形与平行四边形之间，形成阴影效果。（背景2完成）

第2章 初级作品制作 053

其余背景绘制只需重复上述步骤,注意调整上层页面与背景的形状即可。翻开至正中央的页面不需要阴影,打开过半的页面阴影要置于页面下层。最后完全展开的背景使用一张纯色背景即可。参考如下图:

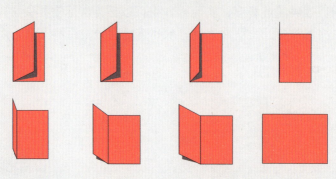

要点四:雪花的下落

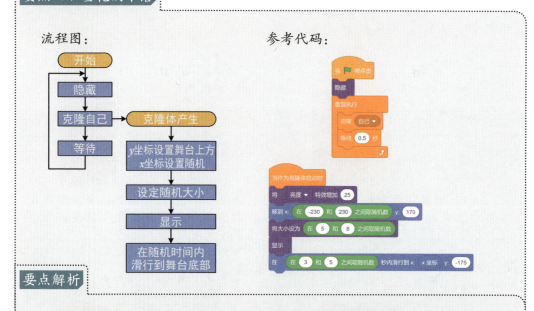

要点解析

由于舞台上需要同时落下许多"雪花",因此这里需要使用克隆来实现效果,使用克隆功能时需要分清楚克隆体和本体分别需要执行哪些指令。

在本程序中,需要让本体隐藏,克隆体产生后需要执行位置移动、大小设定以及下落等指令。由于需要实现显示不同大小的雪花以不同的速度下落的效果,因此在"大小设定"及"滑行"代码中需要使用随机数。

这里需要注意的是由于克隆体产生需要出现在不同位置,因此克隆体的x坐标也需要发生变化。为了保证每一片雪花都可以朝竖直方向下落(即x坐标不改变),这里使用"x坐标"来替换"滑行到"积木中x坐标的位置。

> **小提示**
>
> 使用坐标可以表示角色在舞台上的位置，在编程中可以根据需要来确定坐标参数。通过拖动角色可以看到当前的坐标信息，直接输入角色坐标的 x、y 值，可以在舞台上精确定位角色。
>
> 下面这张图是覆盖舞台全部范围的坐标图，需要记住几个重要数据：舞台的最左侧和最右侧的 x 坐标分别为 -240 与 240；舞台最上方和最下方的 y 坐标分别为 180 与 -180；中心点的 x 坐标和 y 坐标都为 0。
>
>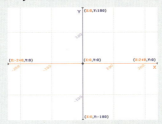
>
> 有了这些参数，当需要让角色在舞台上方位置随机出现时就能直接进行设定了，例如，可以直接将 y 坐标设定为 180 或一个接近 180 的数值，将 x 坐标设为（-240，240）之间的一个随机数值。当然，也不是每次都要直接使用 180，240 这些固定的参数，有些时候还需要根据程序的实际功能需求进行调整。

> **思考一下**
>
> 在运动模块中有很多代码都可以实现角色的向下运动，当需要实现本作品中随机下落的效果时，哪些积木可以实现？效果如何？

要点五：按钮的闪动与心形的出现效果

涉及角色：

有时一些看起来炫酷的效果实现起来可能没有那么复杂，只需要将一些简单的代码巧妙地组合起来就可以产生生动有趣的动画效果。右图是本程序中按钮不断闪动的效果代码，仔细分析可以发现按钮的动态效果是由重复执行的放大和缩小实现的。

编写代码时，可以通过不断地调整参数以达到最好的动画效果。这种重复进行的动画效果建议先完成循环结构内的代码，再设置重复执行，最后进行整体检查。

可以看到，在贺卡打开后，心形会随着音效的播放在不同的位置出现并且呈现心跳的效果。这是一个由多个效果组合在一起的动画，将随机位置、播放音效、由小变大、显示隐藏等几个效果进行组合。根据其出现顺序，可以按照下面的方式将其排序组合。

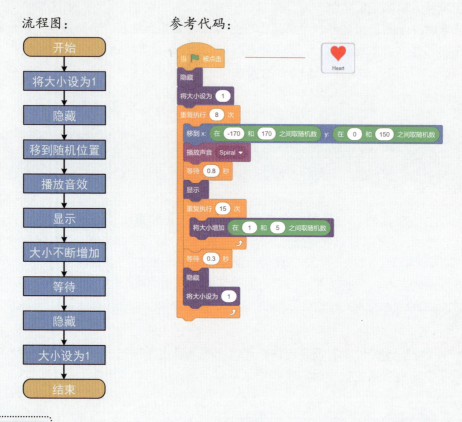

要点解析

这个动画效果是由多个效果按顺序组合而成的，首先需要梳理清晰各个效果之间的关系，然后依次使用对应的代码进行编写和调试。

心形角色主要出现在舞台的上半部分，所以y坐标的范围是0~150；设定x坐标时为了让心形的出现不会偏离舞台，这里将坐标范围设置成了±170，而不是±180。在音效后添加等待是为了让动画效果和声音的时间更加匹配，这里也可以通过剪辑音频的方式进行。在这段代码中，角色重复进行了15次随机大小的增加，这样可以使每次出现的心形有大小错落的感觉。

最后让心形在舞台上稍作停留后再消失。心形的动画效果是：消失→出现→消失，在代码的最后和开始一定要添加好隐藏积木，并设定好角色的初始大小值。

要点六：文字及横线效果的实现

这个效果可以拆分为两个部分，第一个部分是文字内容的绘制与逐行出现，第二个部分是文字底部的横线的绘制。

文字内容作为角色出现在舞台上，四行文字依次出现，最好的方式就是单独制作四个纯文本的角色，然后分别为其编码。（文字内容大家可以发挥自己的创意，也可以参考以下制作方式。）

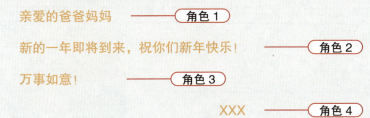

文本角色的代码也相对简单，只需要让角色在指定的时间出现，并结合之前讲过的渐显效果，便可以完成。参考代码如下：

文字底部横线需要在舞台上呈现从无到有的绘制过程，要使用画笔模块的相关积木。

在添加扩展中可以找到画笔模块，还需要一个新的角色来辅助确定需要绘制的位置，因此需要创建一个新的"画笔"角色，这个角色仅仅用于确定绘制位置，在实际效果中不会显示，所以对形状、颜色没有要求。

画笔可以理解为平时绘画用的彩笔，在使用时需要设定其颜色、粗细以及绘制的位置。颜色和粗细在画笔模块可以直接进行设置，绘制图案的位置是由角色的移动轨迹决定的，实质上是角色造型中心的运动轨迹。

因此，在绘制画笔角色的时候应该将其造型与造型中心的位置对齐。绘制的过程中若使用瞬时移动"移到……"积木块，画笔也会绘制两个位置之间的线段。

使用画笔积木时，需要适时用到"抬笔"及"落笔"动作。在抬笔状态下，画笔不会绘制任何内容，只有在设定为落笔之后，画笔才会按照事先设定好的参数及轨迹进行绘制。

> 要点解析

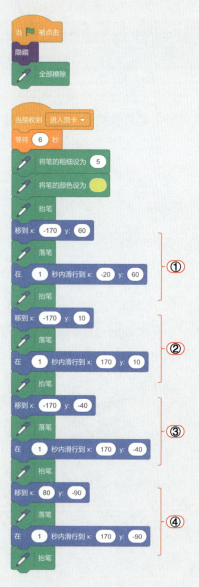

观看右侧的代码可以发现，主要用到了画笔模块和运动模块的代码，但是却涉及了大量的位置参数，这些数据是如何确定的呢？

首先需要将文字角色创建好，并将其摆放在舞台对应的位置上。这样就有了绘制的模板。

接下来用绘制好的画笔角色来进行辅助定位，依次拖动到每一行的起点和终点位置，确定位置坐标。在起点处时使用"移到……"积木进行记录，到终点处时使用"在1秒内滑行到……"积木进行记录。重复以上操作，便得到了对应4句话的4组积木代码。

然后还需要进行手动调整，根据坐标的知识可以知道，前3组代码起始位置的x坐标应该是相同的，后3组代码终点位置的x坐标应该是相同的。各组中的y坐标代码应该相同，各组间的y坐标相差相等的数值。

最后需要在各组代码间添加"抬笔"和"落笔"。"抬笔"应添加在各行绘制结束之后，"落笔"应放在各行开始代码之后。

6. 代码展示

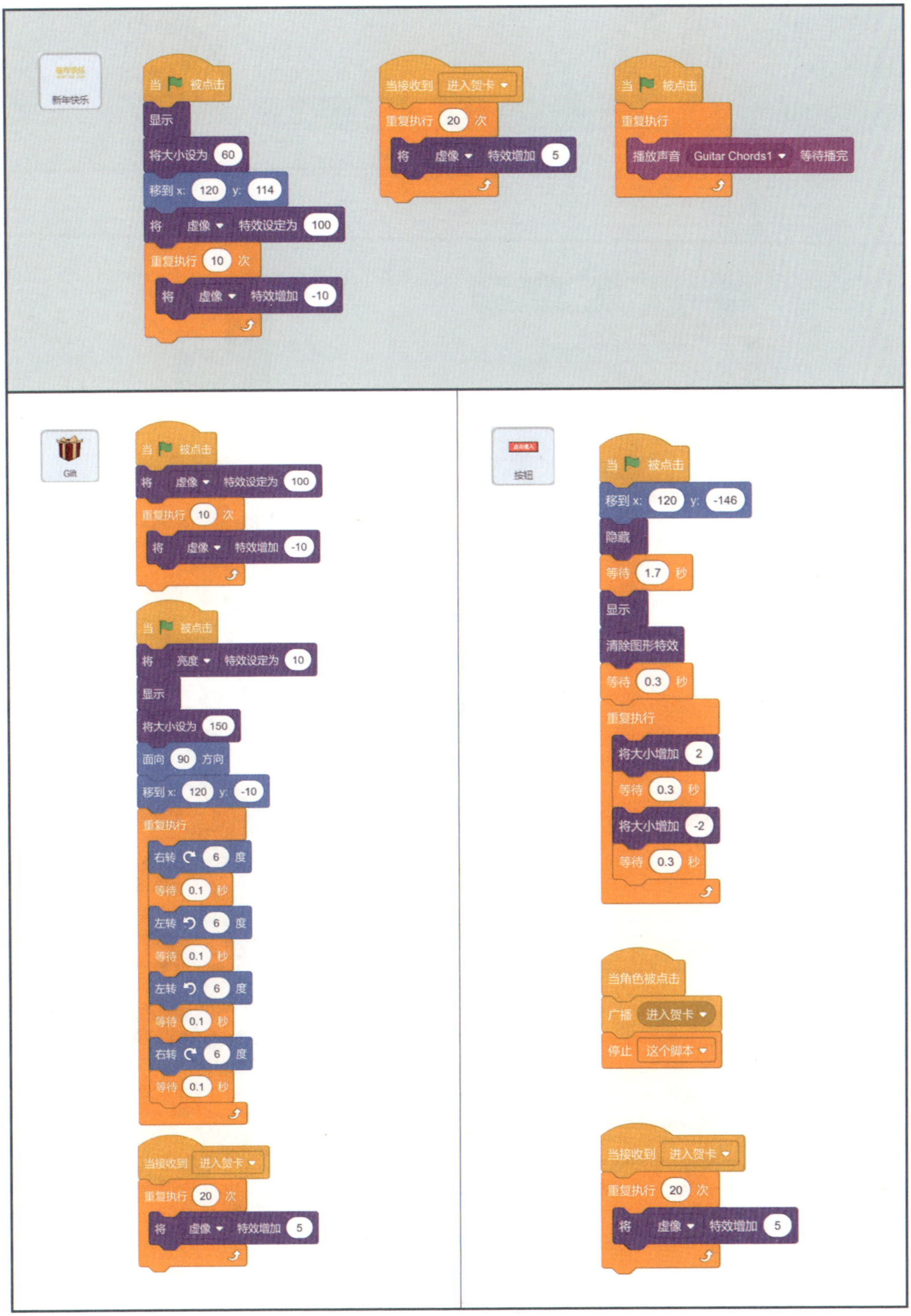
新年快乐
当 被点击
显示
将大小设为 60
移到 x: 120 y: 114
将 虚像 特效设定为 100
重复执行 10 次
将 虚像 特效增加 -10
当接收到 进入贺卡
重复执行 20 次
将 虚像 特效增加 5
当 被点击
重复执行
播放声音 Guitar Chords1 等待播完
Gift
当 被点击
将 虚像 特效设定为 100
重复执行 10 次
将 虚像 特效增加 -10
当 被点击
将 亮度 特效设定为 10
显示
将大小设为 150
面向 90 方向
移到 x: 120 y: -10
重复执行
右转 6 度
等待 0.1 秒
左转 6 度
等待 0.1 秒
左转 6 度
等待 0.1 秒
右转 6 度
等待 0.1 秒
当接收到 进入贺卡
重复执行 20 次
将 虚像 特效增加 5
按钮
当 被点击
移到 x: 120 y: -146
隐藏
等待 1.7 秒
显示
清除图形特效
等待 0.3 秒
重复执行
将大小增加 2
等待 0.3 秒
将大小增加 -2
等待 0.3 秒
当角色被点击
广播 进入贺卡
停止 这个脚本
当接收到 进入贺卡
重复执行 20 次
将 虚像 特效增加 5

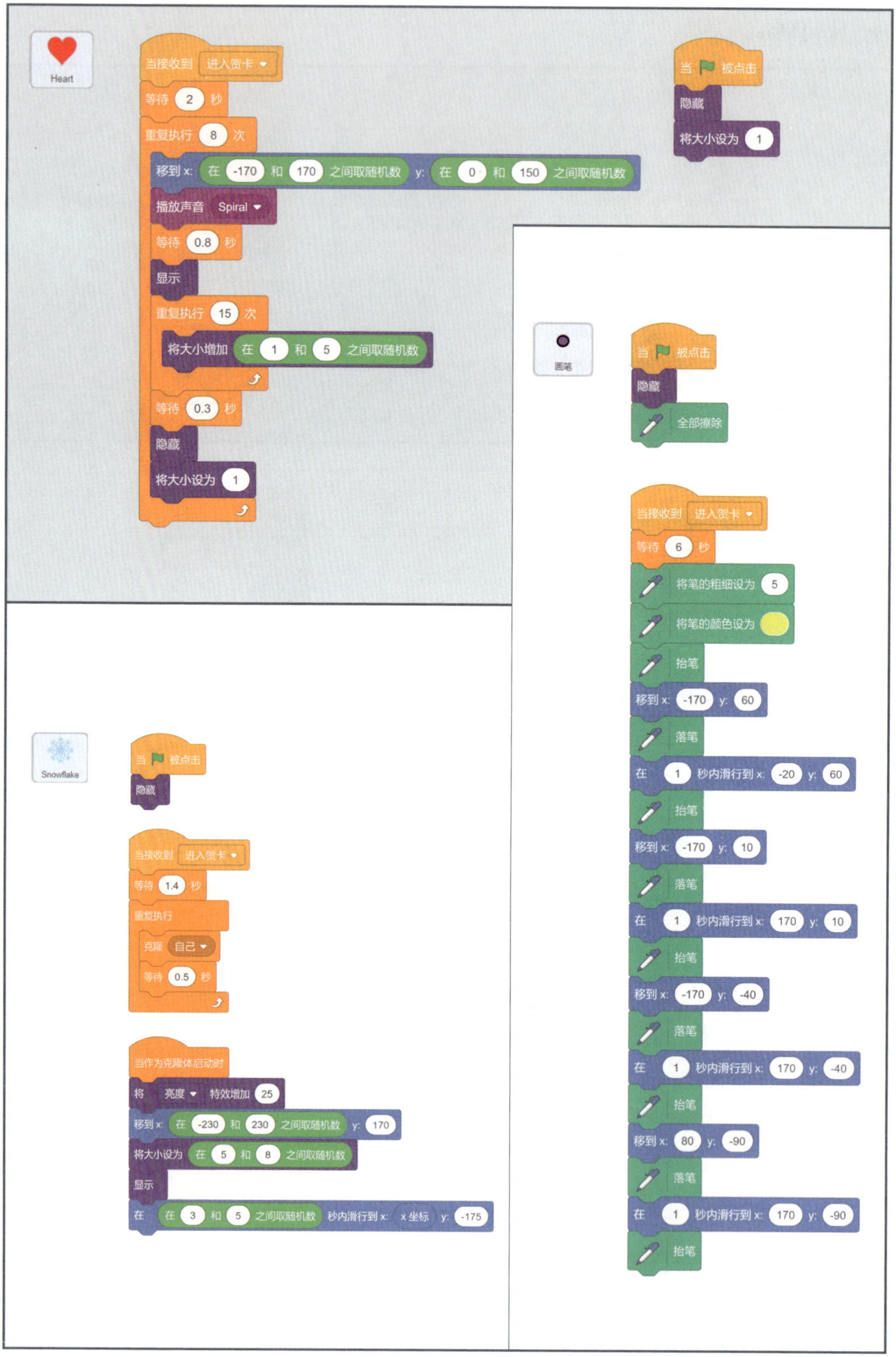
Heart
当接收到 进入贺卡
等待 2 秒
重复执行 8 次
移到 x: 在 -170 和 170 之间取随机数 y: 在 0 和 150 之间取随机数
播放声音 Spiral
等待 0.8 秒
显示
重复执行 15 次
将大小增加 在 1 和 5 之间取随机数
等待 0.3 秒
隐藏
将大小设为 1
当 被点击
隐藏
将大小设为 1
画笔
当 被点击
隐藏
全部擦除
当接收到 进入贺卡
等待 6 秒
将笔的粗细设为 5
将笔的颜色设为
抬笔
移到 x: -170 y: 60
落笔
在 1 秒内滑行到 x: -20 y: 60
抬笔
移到 x: -170 y: 10
落笔
在 1 秒内滑行到 x: 170 y: 10
抬笔
移到 x: -170 y: -40
落笔
在 1 秒内滑行到 x: 170 y: -40
抬笔
移到 x: 80 y: -90
落笔
在 1 秒内滑行到 x: 170 y: -90
抬笔
Snowflake
当 被点击
隐藏
当接收到 进入贺卡
等待 1.4 秒
重复执行
克隆 自己
等待 0.5 秒
当作为克隆体启动时
将 亮度 特效增加 25
移到 x: 在 -230 和 230 之间取随机数 y: 170
将大小设为 在 5 和 8 之间取随机数
显示
在 在 3 和 5 之间取随机数 秒内滑行到 x: x 坐标 y: -175

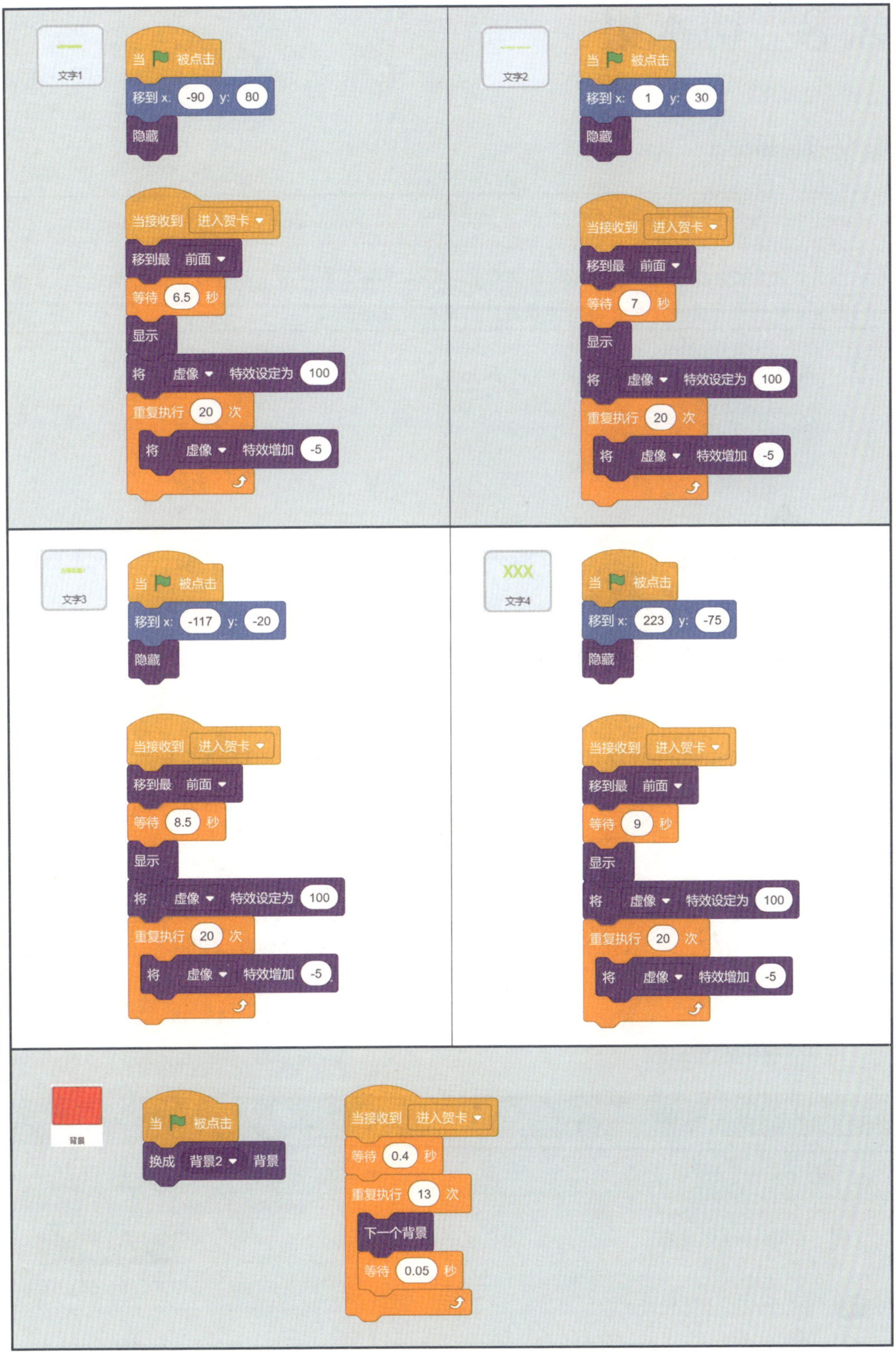
文字1
当 被点击
移到 x: -90 y: 80
隐藏
当接收到 进入贺卡
移到最 前面
等待 6.5 秒
显示
将 虚像 特效设定为 100
重复执行 20 次
将 虚像 特效增加 -5
文字2
当 被点击
移到 x: 1 y: 30
隐藏
当接收到 进入贺卡
移到最 前面
等待 7 秒
显示
将 虚像 特效设定为 100
重复执行 20 次
将 虚像 特效增加 -5
文字3
当 被点击
移到 x: -117 y: -20
隐藏
当接收到 进入贺卡
移到最 前面
等待 8.5 秒
显示
将 虚像 特效设定为 100
重复执行 20 次
将 虚像 特效增加 -5
XXX
文字4
当 被点击
移到 x: 223 y: -75
隐藏
当接收到 进入贺卡
移到最 前面
等待 9 秒
显示
将 虚像 特效设定为 100
重复执行 20 次
将 虚像 特效增加 -5
背景
当 被点击
换成 背景2 背景
当接收到 进入贺卡
等待 0.4 秒
重复执行 13 次
下一个背景
等待 0.05 秒

2.8 切水果

1. 学习目标

（1）理解基于内置角色进行创新的创作思路；
（2）能够设计并制作相对完整的游戏作品；
（3）掌握克隆的使用，能够清晰地理解作品中本体和克隆体所承担的功能；
（4）理解并完成通过变量判断游戏的胜利或者失败的代码。

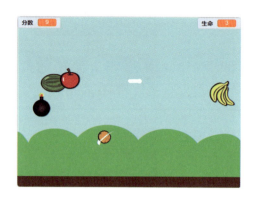

作品星级：⭐⭐

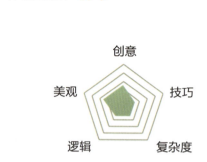

2. 作品分析

本案例要在Scratch程序中实现经典的切水果游戏。移动鼠标，切开不断下落的水果，每切到一个水果便得1分，得到100分游戏胜利。需要注意避开游戏中随机下落的炸弹，如果不小心切到炸弹，炸弹就会发生爆炸，生命值减1，当生命值为0时游戏结束。

单独看这个作品的各个角色，编程难度并不是很大，难点在于如何能够让各个角色之间进行有效的联动和配合，加以一定的声音和动画效果辅助，成为一款有趣耐玩的游戏作品。

3. 角色/背景分析

角　色	造型数量	声音	背　景
Apple（苹果）	2个	Rip（撕破）	Blue Sky（蓝天）
Bananas（香蕉）	2个	Rip	
Watermelon（西瓜）	2个	Rip	

续表

角色	造型数量	声音	背景
Orange（橙子）	2个	Rip	
炸弹	2个	Crunch（碎裂）	
小白点	1个	—	
WIN（胜利）	1个	Win	
LOSE（失败）	1个	Lose	

4. 作品框架图

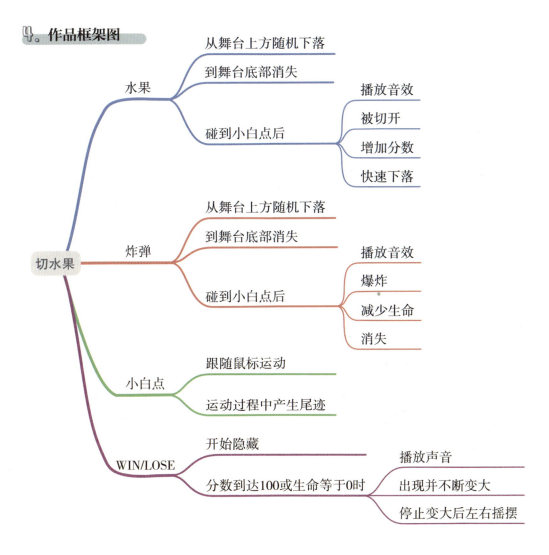

5. 要点解析

> **要点一：角色的绘制**

涉及角色：

水果角色可以直接从角色库中找到，但都只有一个造型，我们需要绘制其被切开后的另一个造型；炸弹角色分几个造型绘制；小白点绘制一个白色圆形即可，但要注意一定要摆放在造型中心位置；"WIN"和"LOSE"两个造型则需要进行多个造型的组合。下面先来看一下水果的第2个造型是如何绘制的，以苹果为例：

（1）从素材库中添加"Apple"角色，并将其造型复制为2个。

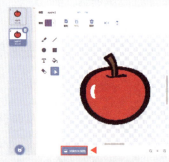

（2）点击左下角的按钮，将其转换为位图。

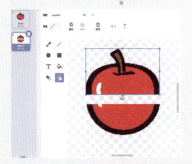

（3）使用选择工具框选苹果的上半部分，并向上拖动一段距离。

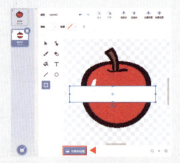

（4）点击左下角的按钮，转换回矢量图，在苹果分开的空白位置绘制一个稍宽一些的白色长方形。

（5）使用变形工具拖动长方形上的各个点，使其形状与图中类似。

（6）点击"放最后面"使其置于苹果的后面。

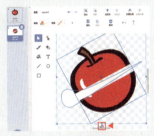

（7）切换选择工具，全部框选（或者使用按键Ctrl+A）后拖动，使其旋转一定角度，呈倾斜状态。

炸弹的绘制：

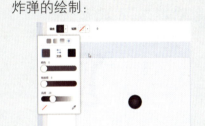

（1）绘制一个圆形，设定为中心渐变填充，参数分别设为"0，0，28"和"0，100，0"。

（2）在圆形的上方绘制一个小长方形，将其置于圆形之后，中心尽量与圆形的圆心在竖直方向上对齐。

（3）使用画笔工具不断点击，在炸弹的上方做上装饰。其中红色参数为"0，100，100"，黄色参数为"16，100，100"。

（4）创建一个新造型，用同样的方法绘制造型2（造型2大小与造型1相近）。将两个造型都置于造型中心。

单词"WIN"的绘制：

（1）从角色库中选择"Block-W"。

（2）在造型界面选择造型，分别添加字母"I"和字母"N"。

（3）将字母"I"全部框选，点击"组合"，然后复制。

（4）回到"W"造型，先将"W"全选并组合，然后点击"粘贴"，将"I"复制到同一造型中。

（5）用同样的方法将"N"复制到同一造型中，调整位置，并删除多余的造型。

（6）将3个字母全部框选（或者使用按键Ctrl+A）后调整位置，使其对准造型中心。

　　单词"LOSE"的制作方式与"WIN"相同。本作品中部分角色的绘制过程为我们提供了一些制作角色和造型的新思路，除了直接绘制和上传素材外，还可以在已有角色和造型的基础上进行一定的修改、组合，得到一个全新的角色、造型。

　　我们要熟练使用这些技巧，提高制作的效率，使作品内容更加丰富。

要点二：水果和炸弹的下落

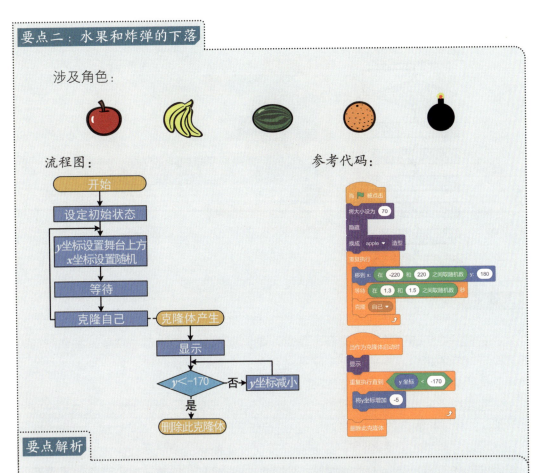

要点解析

让角色不停下落的代码之前已经多次用过，根据程序需求，下落代码的制作方式可能稍有差别，但不变的是使用克隆体和随机数来实现重复和随机的效果。

本作品不能像"小猴射箭"里的Nano角色一样，使用"碰到屏幕边缘"作为角色下落后消失的条件，这里将消失条件设置为了"y坐标<-170"，因为水果角色的初始位置设定就在屏幕的最上方，已经接触到了屏幕的边缘。本作品中通过不断减少y坐标来使克隆体向下运动，炸弹的代码类似，如果需要为不同的角色设定不同的下落速度，修改每次循环中减少的y坐标数值即可。

要点三：水果和炸弹被切到后的代码编写

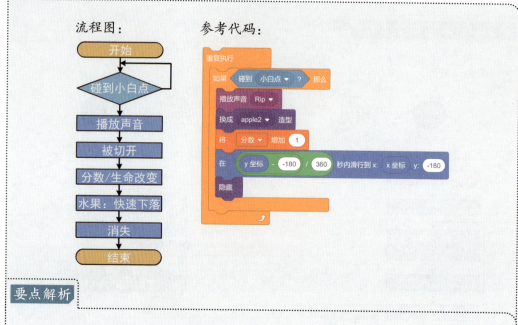

要点解析

在代码中,通过检测"碰到小白点"来判断水果角色是否被切到,被切到后再执行对应的指令。一般情况下是通过角色的克隆体来执行代码的,建议将"隐藏"代码更换为"删除此克隆体"。

实现这个功能的难点在于如何让水果在不同的位置被切到时都能以更快的速度下落。如果使用固定的时间参数使角色滑行到底部,则会出现下落过快或过慢的情况,所以需要引入变量y坐标,设定一个实时发生变化的时间参数。这段代码分为两个部分,前半部分使用"y坐标-(-180)"代表了角色当前位置到舞台底部的距离,由于角色处于不断下落的状态,因此距离一定是会随着时间而减小的。后半部分则需要将距离除以一个合适的数值,将其转化为时间。通过测试可以确定360是一个比较适合作除数的数值,即从舞台顶部滑落的最慢时间为1 s。

这里的参考代码以水果为例,炸弹的代码则更为简单,直接设定为让克隆体消失即可。

要点四:小白点的运动及尾迹

参考代码:

> **要点解析**
>
> 　　小白点的运动可以直接使用运动模块的"移到鼠标指针",但一定要记得在外面加上一个"重复执行",这样才能让小白点"不断地"跟随鼠标指针运动。
> 　　小白点的尾迹我们可以理解为一段绘制出又迅速擦除的线段,擦除的时间间隔越短,留给角色进行绘制的时间就越短,所绘制出的尾迹自然也就越短。因此,我们可以按照上面的参考代码为小白点设计一个滑动的尾迹,让效果变得更加精致。

要点五:WIN/LOSE 的出现效果

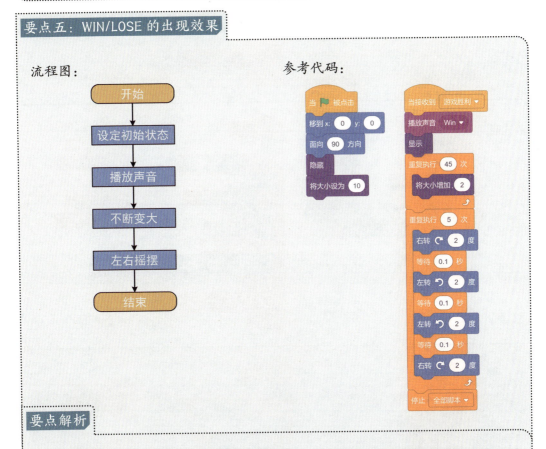

> **要点解析**
>
> 　　在这里,角色需要在特定情况下出现,可以使用广播功能来确定出现的时间。需要提前设定好角色的位置、初始方向、大小及隐藏状态等属性,在收到对应的广播消息后依次执行指令即可。增加的大小和重复次数可以根据实际情况进行调整。角色的左右摇摆是通过左转和右转实现的,先确定好一个循环周期:右转→左转→左转→右转。测试无误后为左右转向添加"重复执行"代码,在需要停顿的地方添加"等待……秒",并设置等待时长。

6. 代码展示

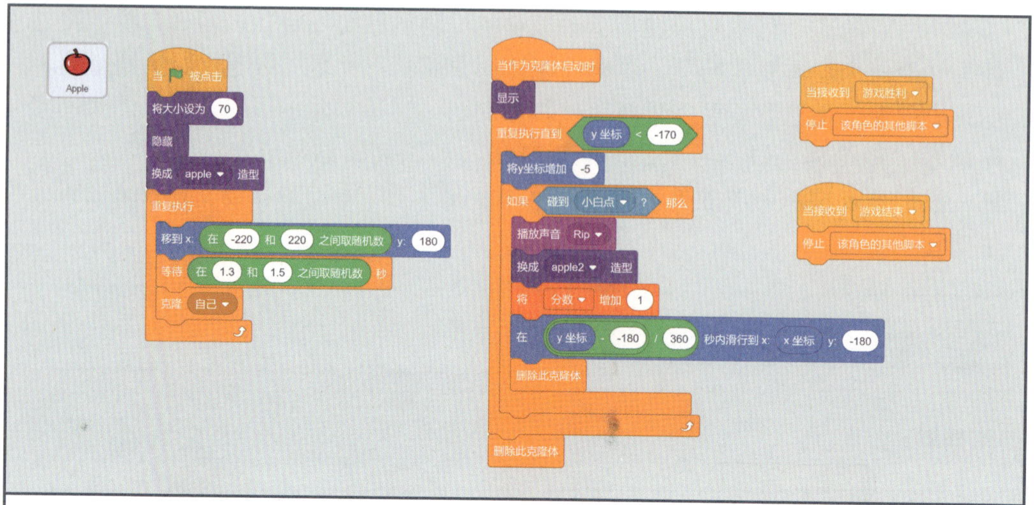
Apple
当 被点击
将大小设为 70
隐藏
换成 apple 造型
重复执行
移到 x: 在 -220 和 220 之间取随机数 y: 180
等待 在 1.3 和 1.5 之间取随机数 秒
克隆 自己
当作为克隆体启动时
显示
重复执行直到 y 坐标 < -170
将y坐标增加 -5
如果 碰到 小白点 ? 那么
播放声音 Rip
换成 apple2 造型
将 分数 增加 1
在 y 坐标 - -180 / 360 秒内滑行到 x: x 坐标 y: -180
删除此克隆体
删除此克隆体
当接收到 游戏胜利
停止 该角色的其他脚本
当接收到 游戏结束
停止 该角色的其他脚本

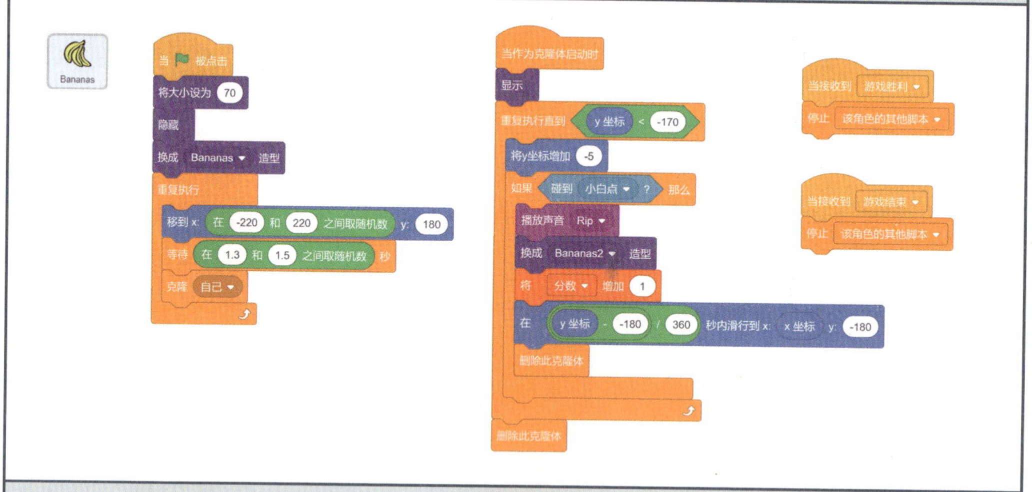
Bananas
当 被点击
将大小设为 70
隐藏
换成 Bananas 造型
重复执行
移到 x: 在 -220 和 220 之间取随机数 y: 180
等待 在 1.3 和 1.5 之间取随机数 秒
克隆 自己
当作为克隆体启动时
显示
重复执行直到 y 坐标 < -170
将y坐标增加 -5
如果 碰到 小白点 ? 那么
播放声音 Rip
换成 Bananas2 造型
将 分数 增加 1
在 y 坐标 - -180 / 360 秒内滑行到 x: x 坐标 y: -180
删除此克隆体
删除此克隆体
当接收到 游戏胜利
停止 该角色的其他脚本
当接收到 游戏结束
停止 该角色的其他脚本

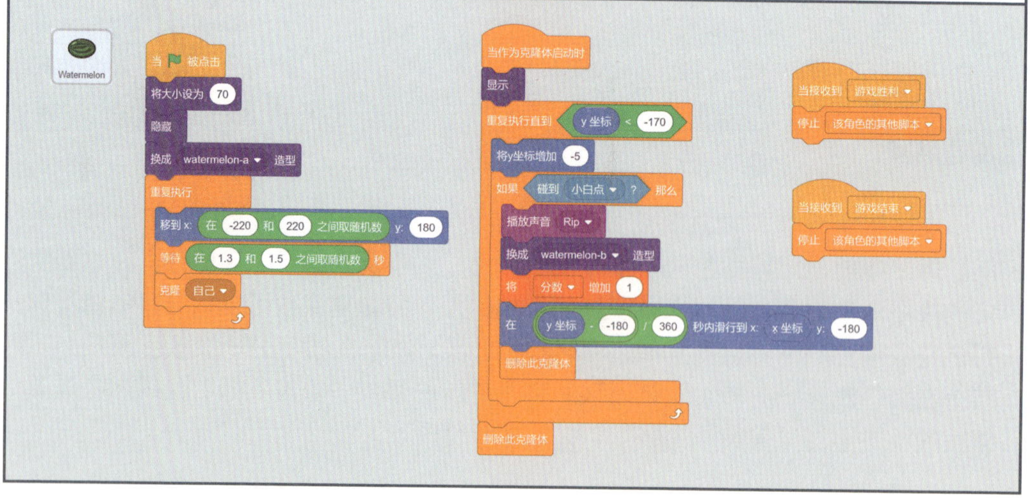
Watermelon
当 被点击
将大小设为 70
隐藏
换成 watermelon-a 造型
重复执行
移到 x: 在 -220 和 220 之间取随机数 y: 180
等待 在 1.3 和 1.5 之间取随机数 秒
克隆 自己
当作为克隆体启动时
显示
重复执行直到 y 坐标 < -170
将y坐标增加 -5
如果 碰到 小白点 ? 那么
播放声音 Rip
换成 watermelon-b 造型
将 分数 增加 1
在 y 坐标 - -180 / 360 秒内滑行到 x: x 坐标 y: -180
删除此克隆体
删除此克隆体
当接收到 游戏胜利
停止 该角色的其他脚本
当接收到 游戏结束
停止 该角色的其他脚本

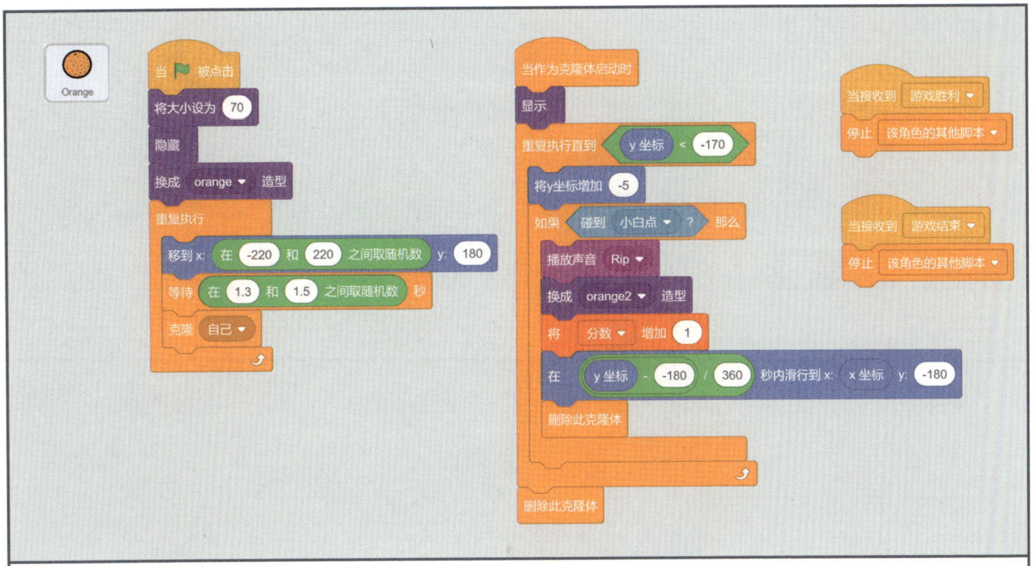
Orange
当 被点击
将大小设为 70
隐藏
换成 orange 造型
重复执行
移到 x: 在 -220 和 220 之间取随机数 y: 180
等待 在 1.3 和 1.5 之间取随机数 秒
克隆 自己
当作为克隆体启动时
显示
重复执行直到 y 坐标 < -170
将y坐标增加 -5
如果 碰到 小白点 ? 那么
播放声音 Rip
换成 orange2 造型
将 分数 增加 1
在 y 坐标 - -180 / 360 秒内滑行到 x: x 坐标 y: -180
删除此克隆体
删除此克隆体
当接收到 游戏胜利
停止 该角色的其他脚本
当接收到 游戏结束
停止 该角色的其他脚本

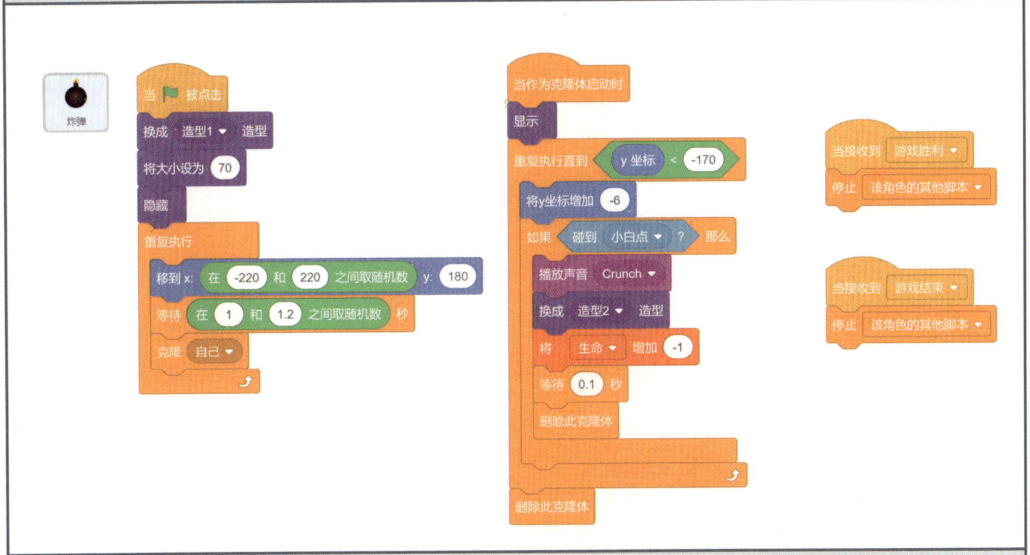
炸弹
当 被点击
换成 造型1 造型
将大小设为 70
隐藏
重复执行
移到 x: 在 -220 和 220 之间取随机数 y: 180
等待 在 1 和 1.2 之间取随机数 秒
克隆 自己
当作为克隆体启动时
显示
重复执行直到 y 坐标 < -170
将y坐标增加 -6
如果 碰到 小白点 ? 那么
播放声音 Crunch
换成 造型2 造型
将 生命 增加 -1
等待 0.1 秒
删除此克隆体
删除此克隆体
当接收到 游戏胜利
停止 该角色的其他脚本
当接收到 游戏结束
停止 该角色的其他脚本

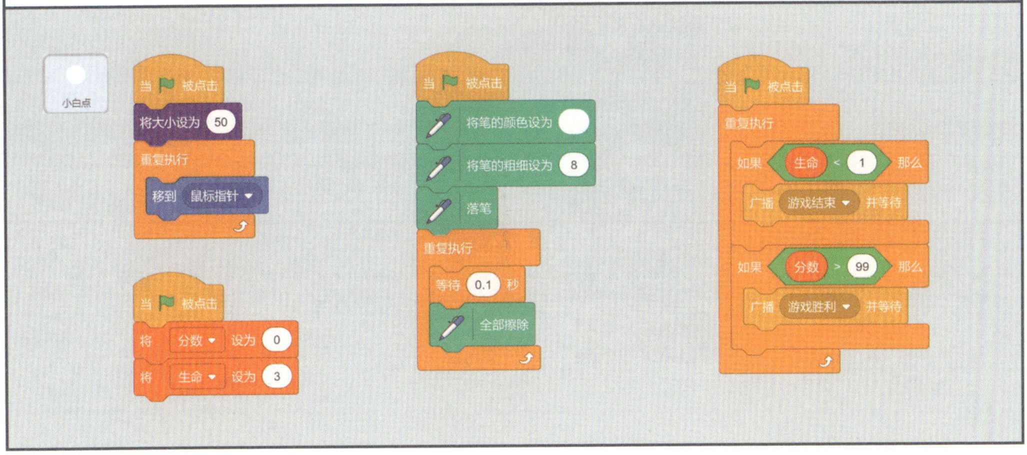
小白点
当 被点击
将大小设为 50
重复执行
移到 鼠标指针
当 被点击
将 分数 设为 0
将 生命 设为 3
当 被点击
将笔的颜色设为
将笔的粗细设为 8
落笔
重复执行
等待 0.1 秒
全部擦除
当 被点击
重复执行
如果 生命 < 1 那么
广播 游戏结束 并等待
如果 分数 > 99 那么
广播 游戏胜利 并等待

WIN

当 ▶ 被点击
- 移到 x: 0 y: 0
- 面向 90 方向
- 隐藏
- 将大小设为 10

当接收到 游戏胜利
- 播放声音 Win
- 显示
- 重复执行 45 次
  - 将大小增加 2
- 重复执行 5 次
  - 右转 ↻ 2 度
  - 等待 0.1 秒
  - 左转 ↺ 2 度
  - 等待 0.1 秒
  - 左转 ↺ 2 度
  - 等待 0.1 秒
  - 右转 ↻ 2 度
- 停止 全部脚本

LOSE

当 ▶ 被点击
- 移到 x: 0 y: 0
- 面向 90 方向
- 隐藏
- 将大小设为 10

当接收到 游戏结束
- 播放声音 Lose
- 显示
- 重复执行 45 次
  - 将大小增加 2
- 重复执行 5 次
  - 右转 ↻ 2 度
  - 等待 0.1 秒
  - 左转 ↺ 2 度
  - 等待 0.1 秒
  - 左转 ↺ 2 度
  - 等待 0.1 秒
  - 右转 ↻ 2 度
- 停止 全部脚本

2.9 小鸟飞行游戏

1. 学习目标

（1）理解变量在代码中的作用；
（2）熟练掌握克隆的使用；
（3）掌握坐标在作品中的应用；
（4）能够相对独立地设计并制作一款小游戏。

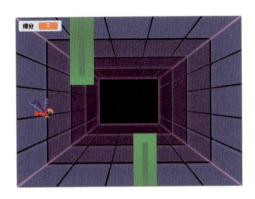

2. 作品分析

　　在开始编程之前要先对作品的设计方式进行分析。这是一款躲避类游戏，主要角色就是小鸟和充当障碍物的柱子，小鸟在不断飞行中穿过一根根柱子间的间隙，并且获得分数。这里需要解决几个问题：如果小鸟一直向前飞行，飞到屏幕的边缘时我们要怎样处理？让小鸟再回到屏幕的最左边？会不会影响游戏体验？可以换个思路，让小鸟只在自己的位置做向上和向下的运动，让柱子向小鸟的方向移动即可，根据运动与静止的相对性，就能产生小鸟向柱子飞去的效果。

　　在制作游戏类程序时，除了要了解实现游戏功能的编程方法外，还要对游戏的规则具有清晰完整的认知。比如本作品中对于游戏结束的条件的判断，除了小鸟撞到柱子以外，还有小鸟自然下落到屏幕边缘这个隐藏的条件。另外，由于游戏中柱子数量众多，且位置不一，这里可以让柱子在碰到屏幕边缘（左边缘）时消失，再让新的柱子出场。

3. 角色/背景分析

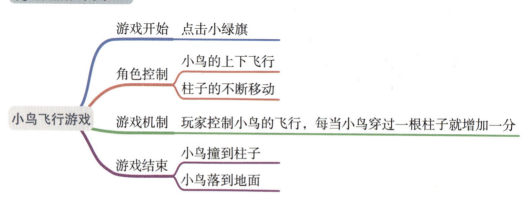

4. 作品框架图

```
                    游戏开始 ── 点击小绿旗
                            ┌── 小鸟的上下飞行
                    角色控制 ┤
                            └── 柱子的不断移动
小鸟飞行游戏 ┤
                    游戏机制 ── 玩家控制小鸟的飞行，每当小鸟穿过一根柱子就增加一分
                            ┌── 小鸟撞到柱子
                    游戏结束 ┤
                            └── 小鸟落到地面
```

5. 要点解析

要点一：柱子角色的绘制

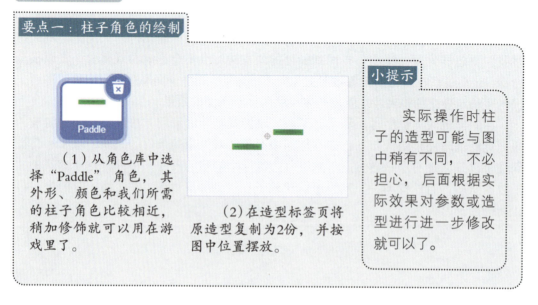

（1）从角色库中选择"Paddle"角色，其外形、颜色和我们所需的柱子角色比较相近，稍加修饰就可以用在游戏里了。

（2）在造型标签页将原造型复制为2份，并按图中位置摆放。

小提示

实际操作时柱子的造型可能与图中稍有不同，不必担心，后面根据实际效果对参数或造型进行进一步修改就可以了。

要点二：小鸟的上下飞行

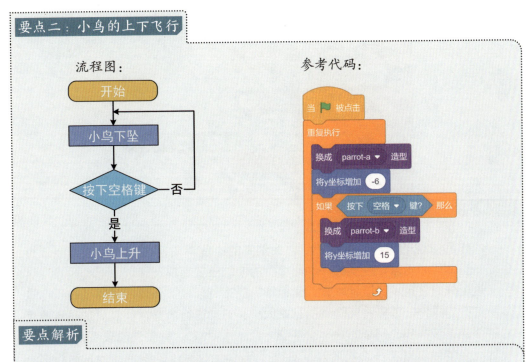

要点解析

前面已经讲过，小鸟角色只需要改变其垂直位置即可，水平位置无须变动。在这里采用的是改变 y 坐标的方式来使小鸟进行垂直移动。我们可以根据自己的需求来更改 y 坐标的数值。示例程序只是给出了其中一种编程方式。

由于该部分功能不需要在小鸟碰到柱子后的下落过程中执行，因此还需要对这部分功能进行优化，详见代码展示部分。

要点三：柱子的不断移动

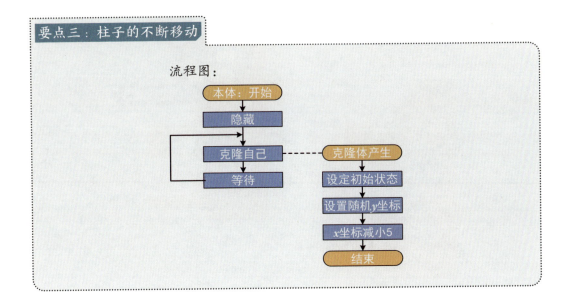

参考代码：

要点解析

本作品中柱子的移动过程和前面案例中的小鱼游动、雪花下落过程十分相似。就整体代码而言，柱子的移动比小鱼的游动还要简单一些。

这里依旧使用了克隆积木，让角色不断产生克隆体。设计的关键就在于克隆体所进行的操作。首先将克隆体的初始大小和方向进行调整，使其更加适合游戏内容（这一步操作也可以放在本体中进行）。接下来，需要通过改变角色的x坐标让克隆体可以向左移动，通过重复执行与将x坐标减少的积木结合来达到这一效果。

6. 代码展示

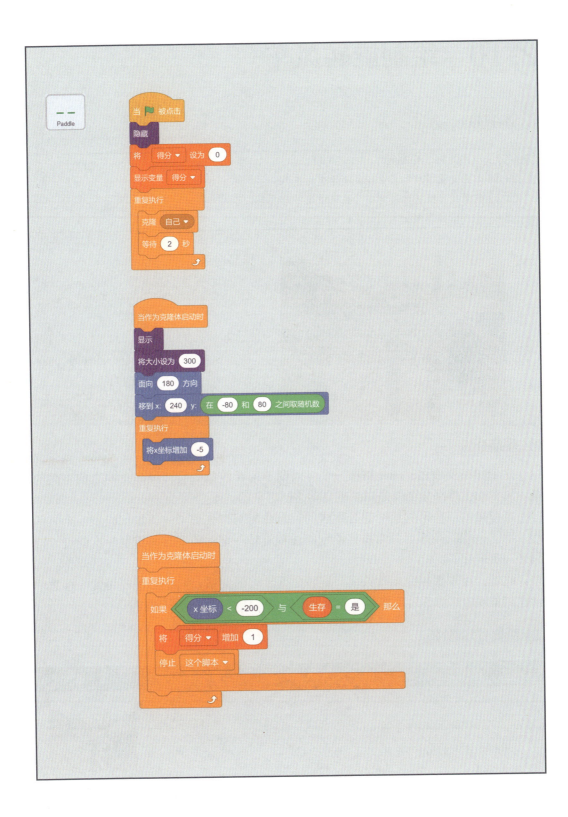

2.10 绘制旋转风车

1. 学习目标

(1) 掌握画笔代码的使用;
(2) 掌握变量滑杆模式在作品设计中的使用;
(3) 理解扇叶绘制与改变扇叶数量功能中的数学关系;
(4) 初步掌握自制积木的使用。

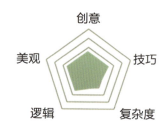

2. 作品分析

这个作品要使用Scratch制作一个可以调节扇叶数量的旋转风车,与之前不同的是,风车的主体部分全部是用画笔自动绘制出来的。

风车是由三角形的扇叶组合而成的,制作时可以先思考一下如何绘制一个三角形,有了一个三角形后只需要将绘制的过程旋转一定的角度,再重复一次就可以得到又一个扇叶了。

此外,还需要探究扇叶数量与旋转角度之间的关系。其中,需要用到一些数学计算和角度的知识,后面将尽可能用简单的方式解释作品的制作过程。

3. 角色/背景分析

角 色	造型数量	声 音	背 景
画笔(空白角色)●	1个	—	Farm● (农场)

4. 作品框架图

绘制旋转风车
- 绘制风车
  - 第一步：绘制单独的三角形扇叶
  - 第二步：绘制扇叶数量固定的风车
  - 第三步：让风车旋转起来
  - 第四步：探寻规律，绘制扇叶数量和转速可调节的风车
- 制作背景

5. 要点解析

要点一：风车的绘制

在绘制角色之前，需要先了解角色的特点。根据常识，风车是由组装在同一个轴上的多个扇叶组成的，扇叶围绕轴心转动，风车就会旋转起来。

以具有3个扇叶的风车为例，可以将风车分解为3个扇叶的组合。3个三角形的顶点为同一个点，即风车轴心的位置。所以，可以先设定轴心，然后以轴心为顶点绘制一个三角形，接下来旋转一定角度再绘制一个同样的三角形，用同样的方法绘制3个扇叶，使3个扇叶间相隔的角度相同，便组成了一个3扇叶风车。

具体操作步骤如下：

第一步：绘制一个三角形扇叶。

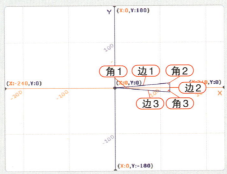

一个三角形由3条边和3个角组成，这里将要绘制的是一个等腰三角形，即"边1和边3的长度相等""角2和角3的角度相等"。因为三角形的内角和为180°，所以"角1+角2+角3=180°"。通过图示，可以看出这个三角形是被x轴平分为完全相同的两个部分，即x轴上下两部分是对称的。那么角1和边2就被x轴平分。

此处设定轴心为（0，0），角1的大小为10°，边1的长度为120步。点击绘制创建一个空白角色，可以使用下面的代码进行边1的绘制。角度和边的长度也可以设定为其他数值，这里以10°和120步为例进行讲解。

边1的绘制：

 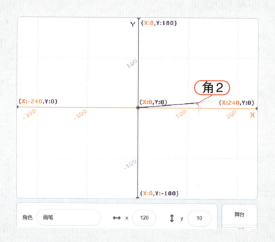

因为初始方向为x轴方向（90），角1又被x轴分为相等的两份，所以这里旋转预设角度的一半即可。

接下来绘制边2，我们知道边2的方向和长度。根据"三角形内角和为180°"的规律可以推断出"角2+角3=180°−角1=170°"。又因为角2和角3相等，所以"角2=角3=85°"。

经过计算，可知转到边2的方向需要转动（180°−角2）的度数，即95°。因为边2垂直于x轴（x轴为边2的垂直平分线或通过其他角度证明可得），所以边2的长度就是当前角色所处y坐标的2倍，即20步。

边2的绘制：

 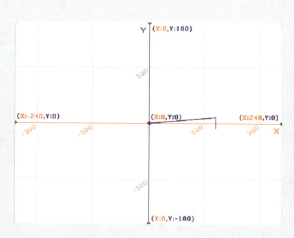

接下来，边3的绘制就相对容易了，首先能确定角3的大小和边3的长度，计算出需要转动的角度后进行绘制即可。由边2的方向转向边3的方向同样需要转动（180°−角3）的度数，即95°。边3的长度与边1相同，都为120步。

边3的绘制：

 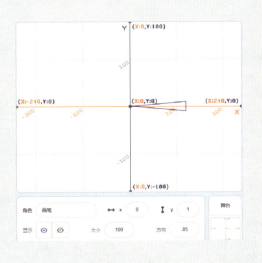

第二步：绘制具有3个扇叶的风车。

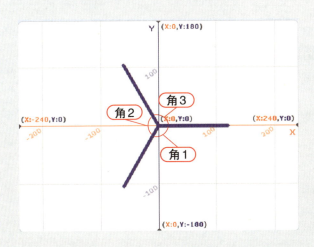 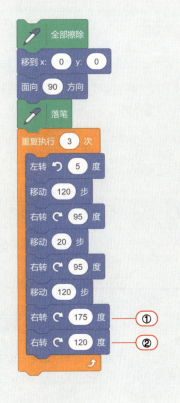

绘制由3个扇叶组成的风车时，为了达到美观的效果，3个扇叶间的角度应该是相等的。也就是说一周360°的角度被平分为了3份，所以可以得到"角1=角2=角3=120°"。由此我们可以通过右侧代码绘制风车的3个扇叶。

第 2 章　初级作品制作　081

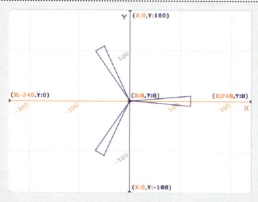

代码中，绘制完一个三角形后，边长又进行了两次旋转（①、②），两次旋转的含义不同。

第一次旋转是因为在三角形绘制完成后，当前的方向为边3的方向，并不是绘制出的三角形真正的朝向。通过观察可以发现，绘制第一个三角形后角色的方向由最初的90°变为了-85°，因此需要将其再向右旋转175°，使其恢复最初的朝向。

接下来再进行第二次旋转，根据绘制扇叶数量的不同，旋转指定的角度来进行下一次绘制。

第三步：让风车旋转起来。

与直接让角色进行旋转不同，这里的风车是使用画笔绘制出来的，所以要想让风车旋转起来可以采取改变角度重复绘制的方法。每次绘制完一个完整的风车后立刻擦除，然后改变一定的角度重新绘制，当绘制的速度足够快时就可以呈现一个旋转的风车了。

为了让代码看起来更简洁易懂，这里使用"自制积木"来简化和优化代码。

（1）在自制积木模块上点击"制作新的积木"。

（2）输入积木名称"绘制风车"，勾选下方的"运行时不刷新屏幕"。

（3）在定义积木块下方连接刚刚绘制3扇叶风车的完整代码，去除"面向90方向"代码。

（4）此时新积木已经完全具备了刚刚绘制3扇叶风车代码的全部功能。

通过上面的代码便可以使风车旋转起来。因为每次需要面向不同的方向绘制风车,所以需要去除代码中的"面向90方向";在执行绘制风车的代码时不需要展示各个扇叶的绘制过程,所以在自制积木中勾选了"运行时不刷新屏幕",在执行到这个自制积木的时候计算机会自动在系统中将整个代码执行完,再将其展示在屏幕上,不会再刷新绘制的过程,这样可以使风车的旋转效果更加流畅。

> **小提示**
>
> 这里展示了自制积木的用法,当需要重复引用同一段代码时,就可以使用自制积木将重复过程制作成新的积木,然后在其他代码中引用这个积木便可以实现代码的全部功能。恰当地使用自制积木可以使程序的代码变得简洁高效。
>
> 自制积木中的"运行时不刷新屏幕"可以使计算机直接显示积木完整执行后的图像效果,而不再展示执行过程。大家可以通过实际操作来直观地对比一下执行效果。

第四步:绘制扇叶数量和转速可调节的风车。

要绘制扇叶数量不同的风车,首先需要了解扇叶数量和绘制方式的关系。

根据扇叶的数量不同,需要重复执行的次数就会对应产生变化,经过简单计算可知"扇叶数量=重复执行次数";

另外,各个扇叶间的角度也会对应发生变化,3扇叶风车由3个扇叶平分圆周的角度,同样地,4扇叶风车就会由4个扇叶平分圆周的角度……

由此可以得到推论,多扇叶风车将会由多个扇叶平分圆周的角度,可以得到"旋转角度=360°/扇叶数量"。接下来,还需要对执行绘制风车指令的自制积木进行改造,使其具备绘制多扇叶的功能,改造过程如下:

(1)使用鼠标右键点击定义积木,选择"编辑"。

(2)点击"添加输入项"修改文本为"扇叶数量"。

（3）此时已经拥有了一块全新的自制积木，但它现在还没有对应的功能，按照右侧代码拖动内部"扇叶数量"积木，对其重新进行定义。

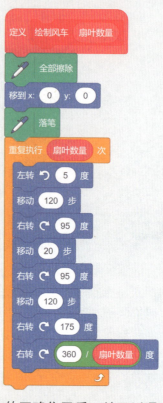

（4）建立"扇叶数量"及"转速"变量。

（5）将变量放入代码中对应的位置。

当把扇叶数量和转速都设定为变量并放入程序中的正确位置后，就可以通过修改变量的数值来改变舞台上风车的转动情况了。赶快试试吧！

> **小提示**
>
> 新建变量会默认显示在舞台上，也可以通过勾选变量的方式使其显示或者隐藏。在舞台上可以通过双击变量或者右键选择的方式对变量的展现方式进行调整。将变量调整为"滑杆"形态，并摆放在舞台上对应的位置就可以了。

> **注意**
>
> 由于Scratch软件的精度问题，在绘制完成一个三角形扇叶后，画笔的位置可能会出现一定的偏差，需要对后续的代码进行优化，修正每次绘制后画笔角色的位置。

要点二：背景的制作方式

为了使作品更加美观，在添加"Farm"背景后，可以对背景图片进行一些细微的调整，比如在原基础上加上一个风车的立柱。添加方式如下：

（1）在位图模式下使用选择工具框选后侧的柱子，点击复制。

（2）切换为矢量图，点击粘贴，将柱子拖动至舞台下方。

 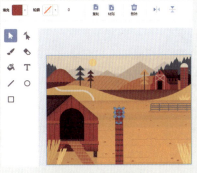

（3）将柱子拉伸至风车轴心下方，调整左右位置，与中心对齐。

（4）绘制一个直径略大于柱子宽度的圆形，将其填充为与柱子相同的颜色，并放置在柱子顶端。

 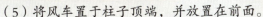 

（5）将风车置于柱子顶端，并放置在前面。

6. 代码展示

画笔

当 🏁 被点击
重复执行
　绘制风车 扇叶数量
　右转 ↻ 转速 度

定义 绘制风车 扇叶数量
　全部擦除
　移到 x: 0 y: 0
　将笔的 颜色 ▼ 增加 1
　落笔
　重复执行 扇叶数量 次
　　左转 ↺ 5 度
　　移动 120 步
　　右转 ↻ 95 度
　　移动 20 步
　　右转 ↻ 95 度
　　移动 120 步
　　右转 ↻ 175 度
　右转 ↻ 360 / 扇叶数量 度
　移到 x: 0 y: 0

第 3 章 中级作品制作

3.1 用声音铺路

1. 学习目标

（1）掌握对作品中声音大小的控制方法；
（2）掌握克隆与变量结合的使用技巧；
（3）掌握通过变量记录与存储最大数值的方法；
（4）理解角色跳跃动作的代码设计。

作品星级：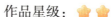

2. 作品分析

　　本作品是一个创意小游戏，通过音量（响度）控制游戏相关角色，创意十足，趣味性强。程序可以通过麦克风检测环境声音的音量，根据音量的大小，生成高低不同的木桩路面。通过代码控制主角"比科"取得通关的钥匙，使用5只气球可以让"比科"飞到钥匙的高度，但是越过崎岖的路面也要消耗气球。合理地使用气球是通关的关键，但更重要的是玩家使用声音进行"铺路"的技巧。

3. 角色/背景分析

角　色	造型数量	声　音	背　景
Pico Walking（比科）	4个	—	Blue Sky 2（蓝天2）
木桩	1个	—	
Key（钥匙）	1个	Magic Spell（魔法）	

续表

角　色	造型数量	声　音	背　景
Balloon1（气球1）	1个	Jump（跳）	
Balloon2（气球2）	1个	—	
Balloon3（气球3）	1个	—	
Balloon4（气球4）	1个	—	
Balloon5（气球5）	1个	—	
Balloon6（气球6）	1个	—	
WIN（胜利）	1个	Win	
LOSE（失败）	1个	Lose	

4. 变量列表分析

获得钥匙	存储当前钥匙的获取状态，未获取为0，已获取为1。
木桩编号	随着木桩克隆数量的增加而增加，每克隆1次变量增加1，用来计算克隆体应移动的距离。
气球数量	存储当前可使用的气球数量，以及调整舞台右上角展示的气球的数量，初始值为5。
气球状态	表示角色是否使用气球，正在使用气球为1，未使用为0。
max	记录木桩生成过程中的最大响度。
y	存储角色y坐标的增加量，当变量y为正数时，角色上升；当y为0时，角色不上升也不下降；当y为负数时，角色下降。

5. 作品框架图

用声音铺路
- 生成木桩铺路
  - 克隆 —— 木桩根据响度升高
  - 响度检测 —— 生成的木桩要具有一定的高度差，否则需要重新开始
- 比科的运动
  - 向前运动
  - 上升
  - 下降
- 钥匙的运动 —— 随机水平位置出现，碰到比科后跟随其运动
- 气球的出现及消失
  - 比科身后的气球　按下空格键，在上升过程中出现，其余情况消失
  - 舞台右上角的气球　根据气球数量，对应的气球出现或消失
- WIN/LOSE —— 达到胜利或失败条件时出现并播放音效

6. 要点解析

要点一：如何生成铺路的木桩

首先，绘制好一根木桩。这里木桩的颜色和木桩顶部的颜色非常重要，决定着后面编写代码时要侦测的颜色。这里木桩的颜色为棕色，参数为"0，82，47"，木桩最顶部的颜色为黑色（因为绿色装饰外围有黑色的轮廓）。在绘制时下方可适当拉长一些，避免在木桩上升过高时出现露出底部的情况。

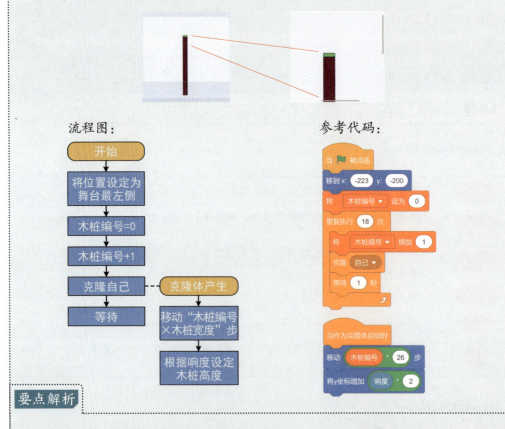

要点解析

这段代码巧妙地运用了克隆和变量的组合，让各个克隆体可以到达各自指定的位置，改变了曾经所有克隆体执行同一个代码出现同一个结果的状况。在克隆体中使用了侦测模块的"响度"，使软件可以侦测当前的音量大小，并以此来决定克隆体y坐标增加的数值，也就是木桩升高的高度。

其中移动的步数可以通过不断增加来进行调试，当第二个克隆体刚好不会与第一个克隆体重合也不会出现缝隙时，就是合适的移动步数。木桩克隆的次数根据绘制木桩的宽度会有所不同，在确定了克隆体移动步数后，可以实际数一数需要多少根木桩填满屏幕，然后设定对应的数值就可以了。

要点二：木桩的高度检测

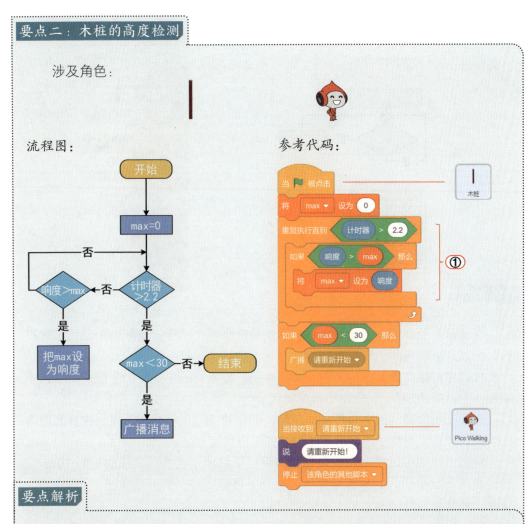

要点解析

木桩的高度检测是为了保证游戏作品的公平性所添加的功能，需要让玩家通过声音响度来对路面的高度进行设定，但又不能将路面设置得过于简单。所以，需要设置一段具有木桩高度检测功能的代码，保证游戏中不会出现低于高度要求的木桩。

上面的代码中是通过响度来控制木桩的高度的。所以，木桩的高度检测过程也就等同于响度的检测，需要测量过程响度的最大值，然后与所设定的标准进行比较。

代码①是一段求取最大值的算法，通过代码①可以计算出在指定时间内（木桩生成过程中）响度的最大值，并将它存入变量max。

最终，将max与设定最低高度进行比较（这里的参数为30，则最低高度应为60），如果未达到要求，则通过广播对"比科"进行提示，并停止其正在运行的脚本。

要点三：比科的向前运动

流程图：

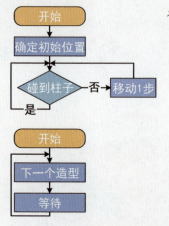

参考代码：

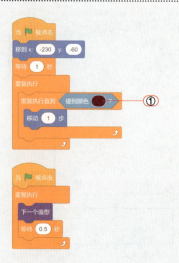

要点解析

"比科"的向前运动包含了移动和切换造型两个动作，需要两个动作同时进行，所以这里使用两段代码来完成。

代码中初始位置设定在舞台左侧距离第一根木桩一定高度的位置，所以这里添加一个"等待1秒"，留出下落的时间。

代码①所侦测的颜色为柱身的颜色，即需要完成比科检测，碰到柱身后便停止前进，直到没有柱子阻挡其前进时才能够继续运动。

观察流程图可以看出，当角色检测到柱子后便不会执行"移动1步"指令，而是返回再次检测，这样重复进行，直到不再碰到柱子则开始执行"移动1步"指令，使角色运动起来。

要点四：比科的上下运动

"比科"的上升和下降分为两种情况，第一种是常规跳跃，即按下一次空格键，产生一个气球，带动比科上升，气球消失后比科开始下降，回落到地面；第二种是在第一次上升后，还没有落至地面，又按下空格键，产生一个气球，再次带动比科上升，这是一种多段跳跃的过程。两种情况的上升和下落时的判断条件有所区别，需要分别讨论。

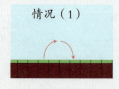

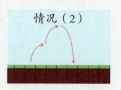

通过下面这段代码,可以将角色的上升和下降对应为变量y的正和负,当变量y为正值时,角色y坐标增加,使角色向上运动;当变量y为负值时,角色y坐标减小,使角色向下运动;当变量y为0时,角色的y坐标不改变,角色就会维持在固定的水平高度。

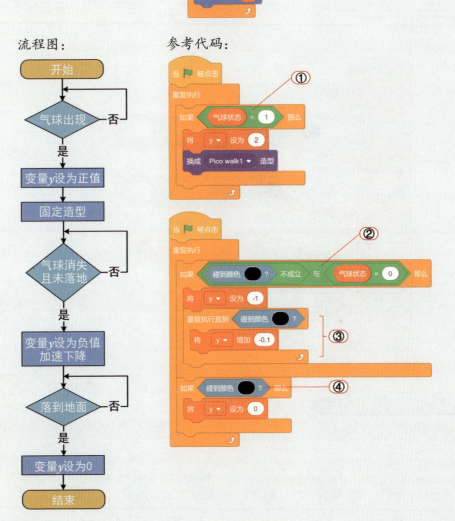

通过角色当前所接触到的颜色和气球状态变量,可以对角色在跳跃中的状态进行判断。

当气球状态为1时,则代表有气球,角色处于上升阶段,也就是代码①所表示的情况,此时将变量设定为2,角色则会上升。

第3章 中级作品制作 093

当气球状态为0且没有碰到黑色（同时成立）时，则代表角色在空中处于下落阶段，也就是代码②所表示的情况，此时将变量设定为-1，角色就会下降。

为了在下降的过程中使角色可以不断加速，添加了代码③，使角色在到达地面之前变量y不断减小，且减小的速度越来越快。

最后还要设定角色到达地面后停止下落，也就是代码④所表示的情况，在到达地面后（碰到黑色）将变量y设定为0，角色的y坐标就不会发生变化。

情况（2）和情况（1）相比，还需要在下落过程中对气球是否再次出现进行判断。也就是无论是角色碰到地面还是气球再次出现都需要停止加速下降的过程。如代码⑤。

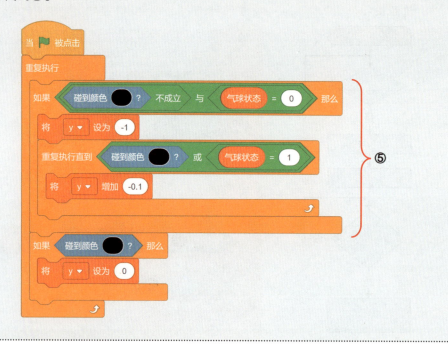

要点五：气球的代码编写

涉及角色：

在这个作品中，一共有6个气球的角色，其中一个会在角色跳起的过程中出现在角色身后，其余5个会出现在屏幕右上角，实时显示当前剩余气球的数量。先来看下比科身后气球的代码编写：

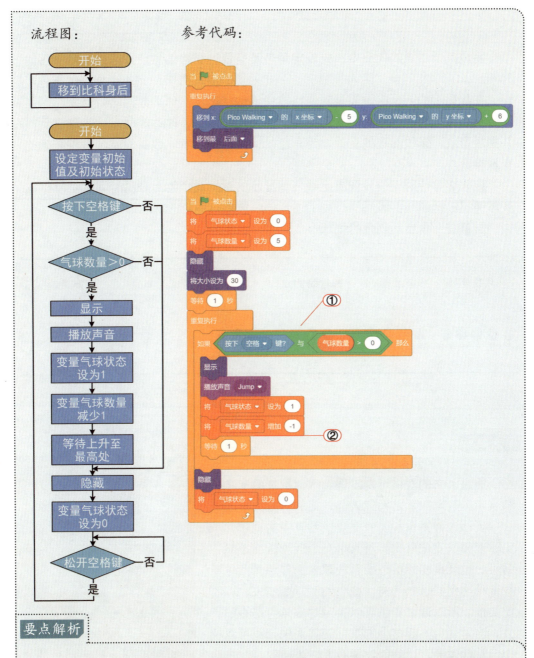

要点解析

比科身后的气球需要在比科处于上升阶段时出现在比科身后,下降时则消失。由于在此过程中比科是在不断运动的,这里通过两段代码完成上述功能,一段使气球1一直跟在比科的后面,另一段用来控制显示状态、音效、变量等功能。

让气球跟随比科的代码需要用到侦测模块里的积木,可以在气球的代码中获取比科的坐标位置,根据程序需要,让气球出现在比科身后靠上方一些的位置,对应修改坐标即可。

完成其余功能的代码中，先设定角色及变量的初始信息，预留1s角色下落的时间。

在代码①的判断中，需要对空格键按下的状态及气球的数量进行判断，两者同时符合要求时才能够执行气球出现的相关代码。当条件达成时，让气球显示，并播放音效，修改对应的变量，为角色的运动和剩余气球数量的展示提供准确的变量参数。

代码②等待时间的设置决定着气球显示的时间及角色上升的时间，可以根据实际情况进行调整。最后执行完上述代码后需要对角色的状态进行恢复。

屏幕右上角展示剩余的气球：

气球数量=5	气球数量=4	气球数量=3	气球数量=2	气球数量=1	气球数量=0

要点解析

通过上面的表格可以发现，气球数量的变化和展示的气球数量之间应该有一定的对应关系。

要让这种关系实现就需要找到其中的规律，实际上每次变化只需要对其中一个气球进行控制即可。也就是初始状态所有气球全部显示，气球数量减小到4气球6消失，减小到3气球5消失，以此类推。所以通过变量可以决定对应角色是否消失。这里使用不断缩小的效果使其消失，也可以使用其他效果，让角色效果看上去更精致。

在程序的最开始添加了一个等待积木，这里的等待不是为了让角色静止一段时间，而是为了避免还未初始化的变量对代码产生影响，所以这里设置0.01s留给变量初始化的时间即可。

1. 代码展示

1 木桩

当 ▶ 被点击
移到 x: -223 y: -200
将 木桩编号 ▼ 设为 0
重复执行 18 次
　将 木桩编号 ▼ 增加 1
　克隆 自己 ▼
　等待 1 秒
停止 该角色的其他脚本 ▼

当作为克隆体启动时
移动 木桩编号 * 26 步
将 y 坐标增加 响度 * 2

当 ▶ 被点击
将 max ▼ 设为 0
重复执行直到 计时器 > 2.2
　如果 响度 > max 那么
　　将 max ▼ 设为 响度
如果 max < 30 那么
　广播 请重新开始 ▼

Key

当 ▶ 被点击
将 获得钥匙 ▼ 设为 0
移到 x: 在 0 和 100 之间取随机数 y: 100
重复执行
　如果 碰到 Pico Walking ▼ ? 那么
　　播放声音 Magic Spell ▼
　　将 获得钥匙 ▼ 设为 1
　　重复执行
　　　移到 x: Pico Walking ▼ 的 x坐标 - 35 y: Pico Walking ▼ 的 y坐标

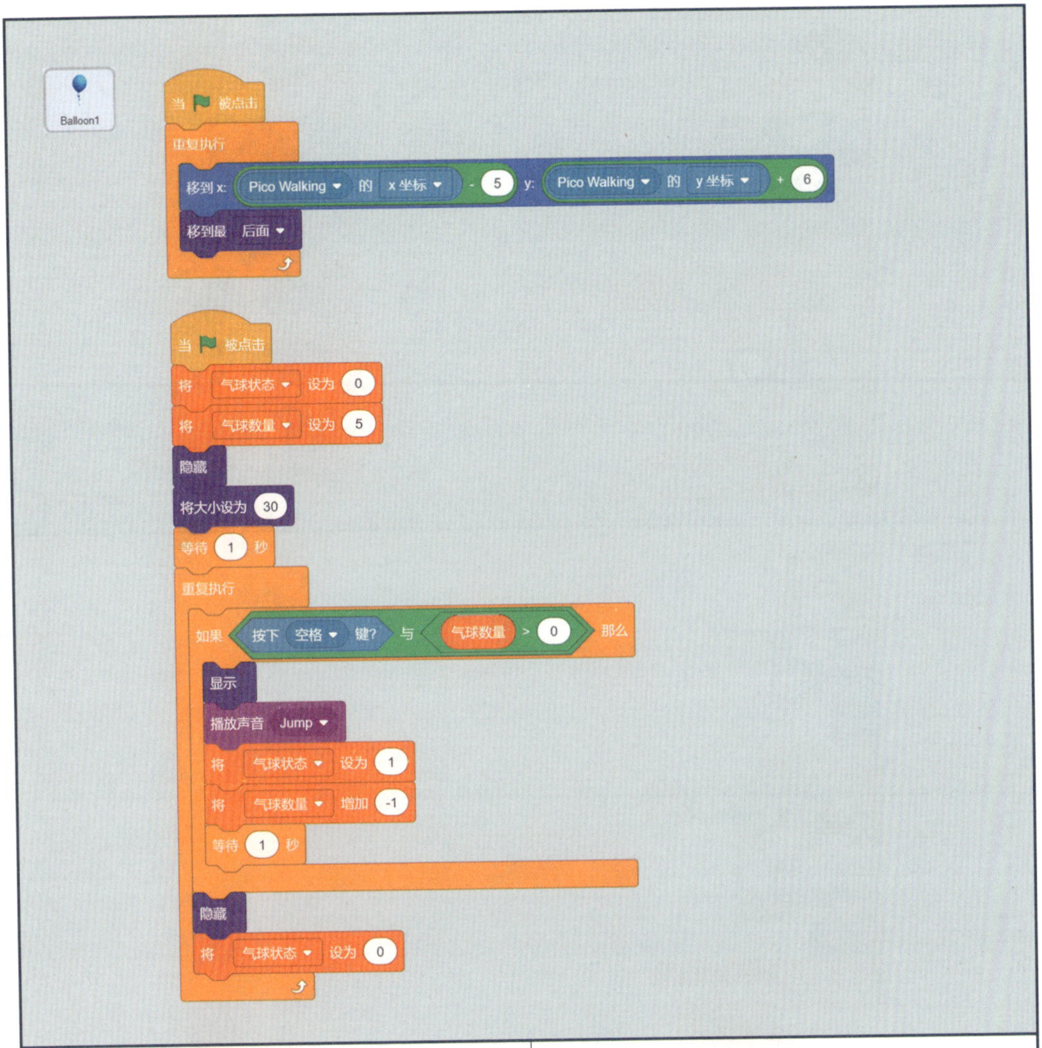
Balloon1
当 被点击
重复执行
移到x: Pico Walking 的 x坐标 - 5 y: Pico Walking 的 y坐标 + 6
移到最 后面
当 被点击
将 气球状态 设为 0
将 气球数量 设为 5
隐藏
将大小设为 30
等待 1 秒
重复执行
如果 按下 空格 键? 与 气球数量 > 0 那么
显示
播放声音 Jump
将 气球状态 设为 1
将 气球数量 增加 -1
等待 1 秒
隐藏
将 气球状态 设为 0

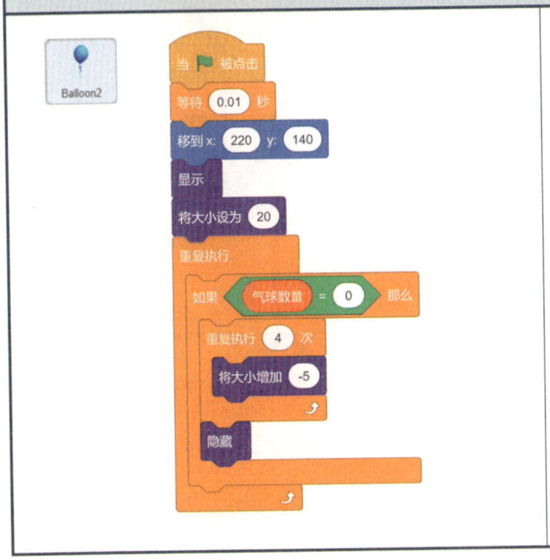
Balloon2
当 被点击
等待 0.01 秒
移到x: 220 y: 140
显示
将大小设为 20
重复执行
如果 气球数量 = 0 那么
重复执行 4 次
将大小增加 -5
隐藏

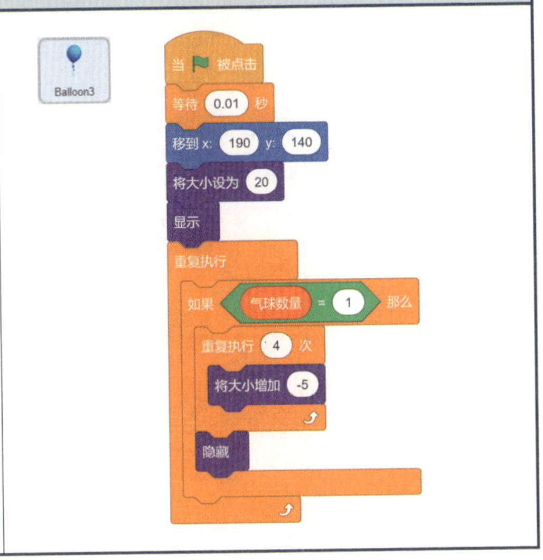
Balloon3
当 被点击
等待 0.01 秒
移到x: 190 y: 140
将大小设为 20
显示
重复执行
如果 气球数量 = 1 那么
重复执行 4 次
将大小增加 -5
隐藏

3.2 贪食蛇

1. 学习目标

（1）掌握使用克隆生成蛇尾的方法；
（2）理解蛇尾长度控制的相关代码；
（3）掌握角色碰到墙壁后可以在另一侧出现的方法；
（4）理解通过变量控制小球整体数量的方法。

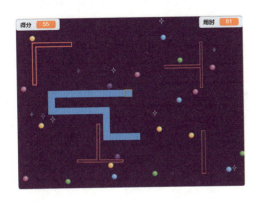

作品星级：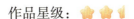

2. 作品分析

贪食蛇是一款经典的游戏，本作品要使用Scratch软件来制作一款贪食蛇游戏。游戏规则是使用方向键操控一条小蛇行进，吃掉沿路的糖果，并且要避开地图中的障碍。随着吃掉糖果数量的增多，蛇的身体会越来越长，并且行进速度将会越来越快。在这个作品中，吃掉100颗糖果游戏胜利，如果在过程中碰到了障碍物，那么游戏就会结束。

3. 角色/背景分析

角色		造型数量	声音	背景
	贪食蛇	2个	Emotional Piano（钢琴）	深蓝
	Ball（球）	5个	Coin（硬币）	
	星星	1个	—	
	障碍1	1个	—	

续表

角 色	造型数量	声 音	背 景
障碍2	1个	—	
障碍3	1个	—	
障碍4	1个	—	
WIN（胜利）	1个	Win	
LOSE（失败）	1个	Lose	

4. 变量列表分析

得分	存储当前的得分情况，初始值为0，每吃掉一个小球，得分增加1。
速度	控制贪食蛇的速度。
小球数量	记录小球生成的数量，每吃掉一个小球，数量减少1，需要在新的位置再补充一个小球。
用时	存储当前游戏所用的时间，并展示在舞台上。

5. 作品框架图

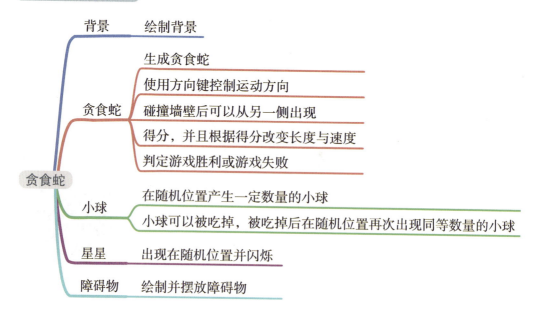

要点解析

要点一：角色、背景的绘制

本作品中需要独立绘制的角色较多，下面讲述各角色的绘制要点：

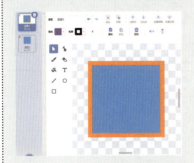

贪食蛇：
　　贪食蛇分头和身体两个造型，可以自行选定颜色，造型1作为头部，绘制一个正方形即可，可以设定一个不同颜色的轮廓作为标识；造型2作为身体，复制一个相同颜色的正方形即可。需要注意的是，因为贪食蛇在游戏中需要朝着不同的方向运动，所以两个造型都需要放在造型中心的位置。

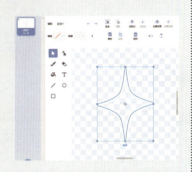

星星：
　　星星只有一个造型，由4条相同的白色曲线复制、旋转而成。首先使用线段工具绘制一条线段，再使用变形工具，使线段向中心弯曲。接下来使用复制、粘贴、水平翻转、竖直翻转，将4条曲线拼凑到一起就可以产生一个星星了。

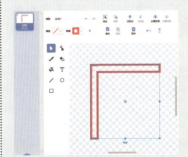

障碍物：
　　障碍物可以根据自己的设计绘制成想要的形状，但颜色尽量设计成舞台上没有的颜色，这样方便后期设计侦测代码。这种中间没有填充的复杂图形可以先使用已有的形状绘制轮廓，再将重合部分擦除，或使用线段工具进行绘制。

背景：
　　本作品使用纯色的深蓝背景，然后点缀上闪烁的星星进行装饰。背景使用绘制创建，调整为位图模式后，使用填充工具进行填充即可。颜色参数为"63，81，38"。

要点二：贪食蛇的方向控制

参考代码：

① 当绿旗被点击
移到 x: 0 y: 0
面向 90 方向
重复执行
　移动 速度 步
　如果 按下 → 键？ 那么
　　面向 90 方向
　如果 按下 ← 键？ 那么
　　面向 -90 方向
　如果 按下 ↑ 键？ 那么
　　面向 0 方向
　如果 按下 ↓ 键？ 那么
　　面向 180 方向

② 当绿旗被点击
重复执行
　如果 x坐标 < -230 那么
　　将x坐标设为 230
　如果 x坐标 > 230 那么
　　将x坐标设为 -230
　如果 y坐标 < -170 那么
　　将y坐标设为 170
　如果 y坐标 > 170 那么
　　将y坐标设为 -170

要点解析

贪食蛇的运动方向控制分为两个部分，一个部分控制正常运动时角色的前进与转向操作，另一个部分决定在运动到屏幕边界时应执行的指令。

代码①首先定义角色的初始位置和方向，接下来再重复执行"移动……步"积木使角色运动起来，积木内参数使用变量"速度"，方便后续通过修改变量来调整运动速度。通过对各个方向键的判断将角色调整为对应方向，角色就可以朝按下的方向前进了。

代码②通过角色所处的坐标分别对碰到舞台边缘的4种情况进行了判断，分别是舞台左侧、舞台右侧、舞台下侧和舞台上侧。这里的数值要设置得稍小于舞台轮廓的极限坐标。当到达一侧的边缘时，将对应的坐标设定为对侧的坐标值，即可让角色从舞台的另一侧出现再继续运动。

要点三：小球产生的代码

游戏中需要产生一定数量的小球，并且使其随机分布在舞台上，在贪食蛇碰到小球后小球被"吃掉"，并且在随机位置再产生一个新的小球。

除此之外，舞台上还设置了障碍物，障碍物是具有一定宽度的，产生在障碍物区域内的小球是无效的，因此在代码设计中还要规避这些无效小球的产生。

接下来了解一下如何通过代码完成上述功能吧！

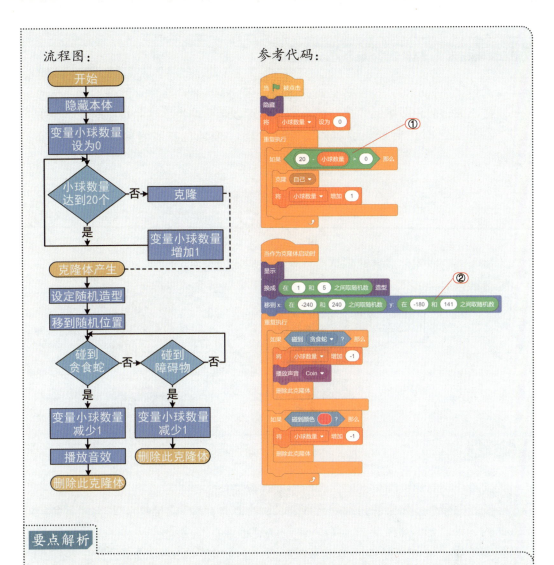

要点解析

小球的代码需要实现被"吃掉"的效果，还需要保持在一定的数量，并且可以自动规避障碍物所在的区域。显然，通过克隆的方式来产生多个小球是最快捷的方式，那么如何控制克隆的次数呢？有两个关键点：

需要让变量小球数量始终与当前已克隆产生的小球数量保持一致，这就需要在每次克隆后对变量进行增加，在小球消失后将变量减少。接下来，就可以通过变量来控制克隆的次数了。通过代码①可以将已产生的小球数量与需求数量进行比较，当前数量小于需求数量时才会进行克隆。

克隆体则需要完成不同造型与位置的变化，同时判断碰到贪食蛇与碰到障碍物两种情况，这里通过颜色来对障碍物进行识别，条件达成时删去克隆体，并且将变量减少1。这里为了避免小球出现在屏幕上方被计分和计时面板遮挡，程序对克隆体产生的高度进行了限制，即代码②所表示的部分。

要点四：贪食蛇的尾巴产生与长度控制

通过上述代码可以控制贪食蛇的运动，但此时吃掉再多的小球蛇身也不会变长，接下来，我们要编写代码让蛇身的长度可以随着吃掉小球的数量增长。

在开始之前，需要先编辑好下面的代码，使角色在碰到小球后可以获得得分。

接下来，需要让贪食蛇根据得分来改变尾巴的长度。

流程图：　　　　　　　　　　　　　参考代码：

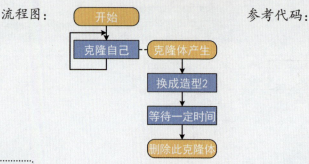

要点解析

这段代码看起来简单，但是理解起来有点抽象。

试着先想想，如果等待时间无限延长，也就是克隆体不删除，那么随着角色本体的运动，形成的克隆体会将本体的轨迹铺满，也会无限延长；如果等待的时间非常短，短到克隆体产生出来就删除，那么本体的身后将不会产生任何克隆体。

若等待的时间固定，可以想象每个克隆体被克隆出来后都会同时对应产生一个计时器，在固定时间触发然后将克隆体删除，那么先产生的克隆体将会先被删除，也就是会在本体运动的轨迹尾部开始删除克隆体，在一定时间后，只要角色的移动速度保持不变，其轨迹上克隆体的长度也会保持固定（因为删除的速度与产生的速度与位置都保持固定）。所以，控制贪食蛇尾巴长度的关键就在于调节克隆体被删除前的等待时间，时间越长克隆体能够产生的尾迹就会越长。

通过代码①来控制克隆体被删除前的等待时间，将其与得分关联起来，使得分越高等待的时间越长即可。但其中需要注意的一点是，这里的等待时间并不是可以无限延长的，由于Scratch 3.0的设定，只能产生300个左右的克隆体，所以需要测试最高得分时（即等待时间最长时）能否使克隆体数量保持在限制数量之内。

要点五：背景上的星星闪烁

为了使作品的效果更加美观，作品中添加了装饰性的星星。星星可以在随机位置产生，并通过代码实现闪烁。星星的代码制作过程参考如下：

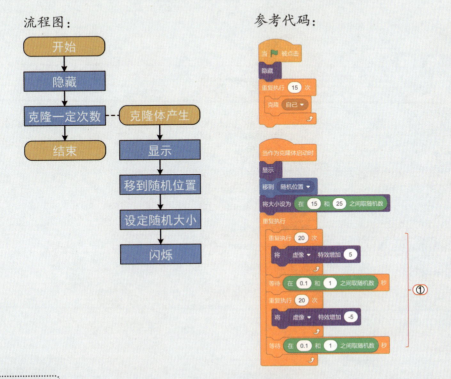

要点解析

同样也可以使用克隆来产生多个星星，其中关键在于如何产生生动的闪烁效果，这里使用了虚像特效和随机数的结合来达成。

通过前面的代码已经可以将大小不一的星星分布到舞台的各个地方了。

通过代码①，先将星星克隆体的虚像特效逐渐增加到100，达到完全消失的效果，然后再等待一个不固定的时间，通过虚像特效不断减小到0使克隆体显现出来，同样维持一个不固定的时间后重复进行上面的操作，即可产生一个比较生动的闪烁效果。

小知识

随机数的积木中如果填入的全部是1、2、3……这种整数，产生的随机数也会是整数，当其中一个是带有小数点的小数时，结果也会变成小数。

7. 代码展示

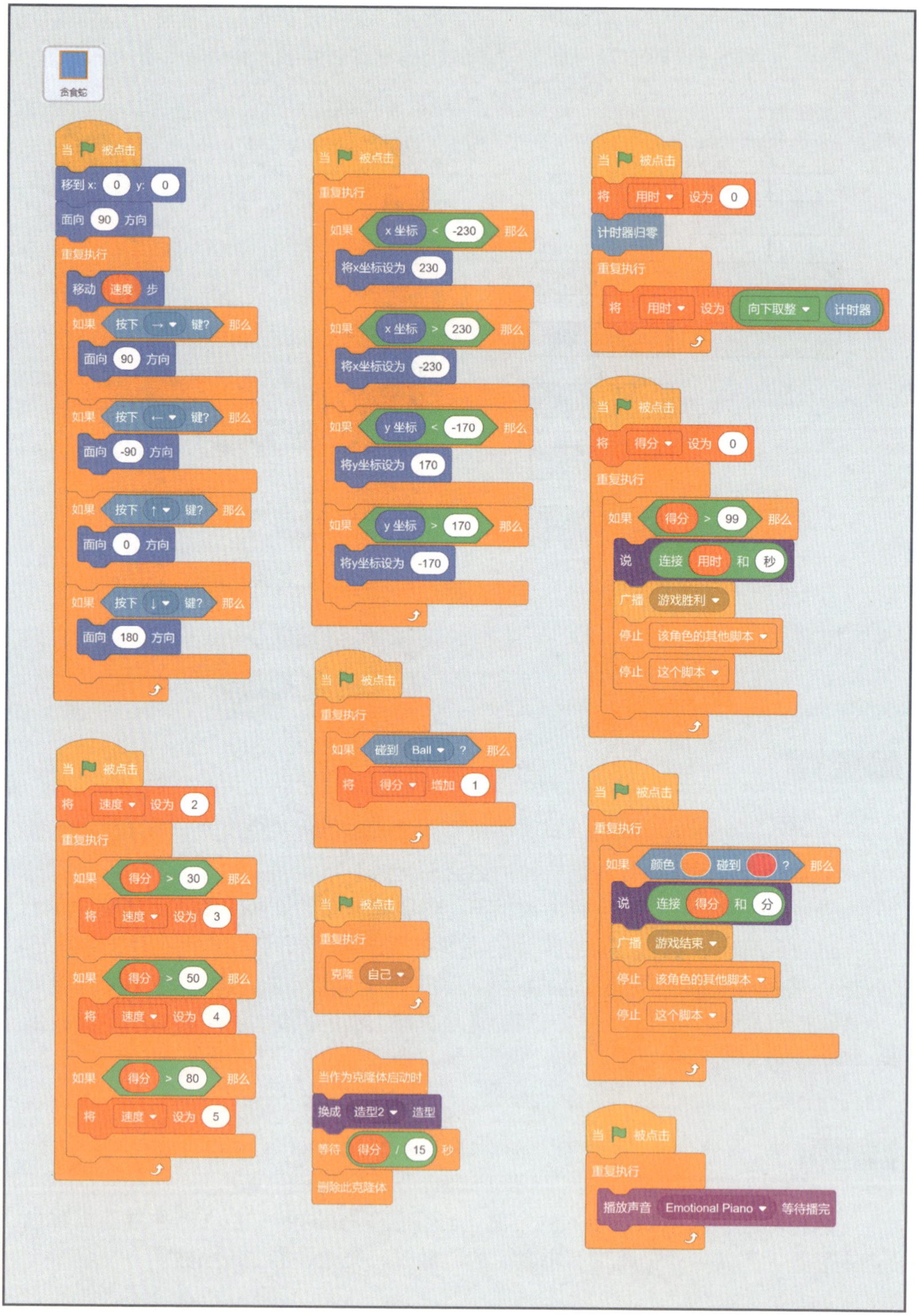
贪食蛇
当 被点击
移到 x: 0 y: 0
面向 90 方向
重复执行
移动 速度 步
如果 按下 → 键? 那么
面向 90 方向
如果 按下 ← 键? 那么
面向 -90 方向
如果 按下 ↑ 键? 那么
面向 0 方向
如果 按下 ↓ 键? 那么
面向 180 方向
当 被点击
将 速度 设为 2
重复执行
如果 得分 > 30 那么
将 速度 设为 3
如果 得分 > 50 那么
将 速度 设为 4
如果 得分 > 80 那么
将 速度 设为 5
当 被点击
重复执行
如果 x 坐标 < -230 那么
将x坐标设为 230
如果 x 坐标 > 230 那么
将x坐标设为 -230
如果 y 坐标 < -170 那么
将y坐标设为 170
如果 y 坐标 > 170 那么
将y坐标设为 -170
当 被点击
重复执行
如果 碰到 Ball ? 那么
将 得分 增加 1
当 被点击
重复执行
克隆 自己
当作为克隆体启动时
换成 造型2 造型
等待 得分 / 15 秒
删除此克隆体
当 被点击
将 用时 设为 0
计时器归零
重复执行
将 用时 设为 向下取整 计时器
当 被点击
将 得分 设为 0
重复执行
如果 得分 > 99 那么
说 连接 用时 和 秒
广播 游戏胜利
停止 该角色的其他脚本
停止 这个脚本
当 被点击
重复执行
如果 颜色 碰到 ? 那么
说 连接 得分 和 分
广播 游戏结束
停止 该角色的其他脚本
停止 这个脚本
当 被点击
重复执行
播放声音 Emotional Piano 等待播完

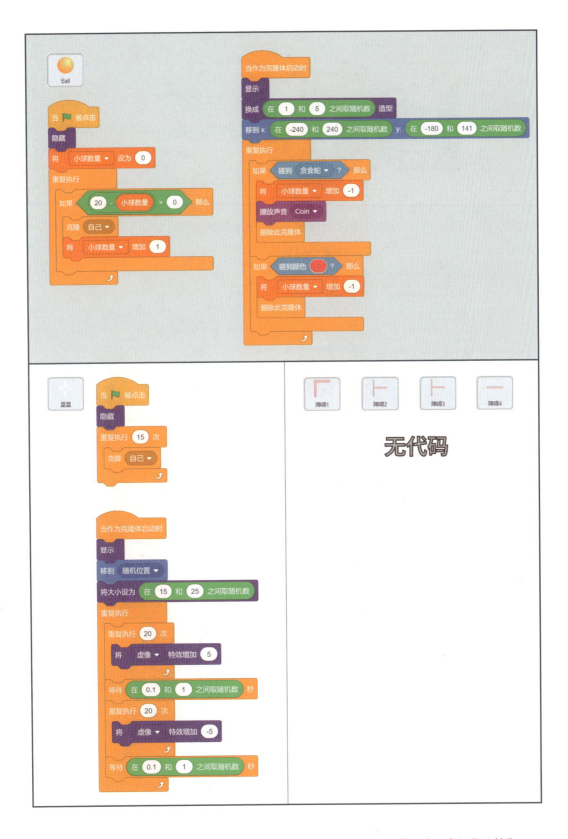

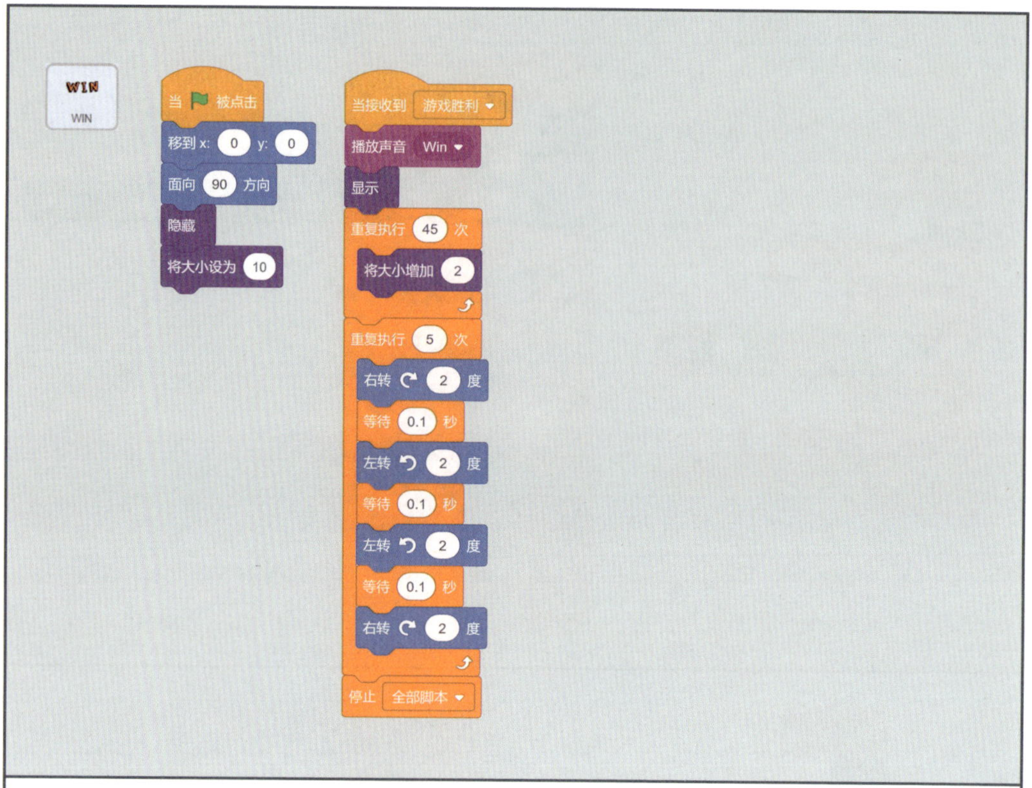

WIN

当 ▶ 被点击
移到 x: 0 y: 0
面向 90 方向
隐藏
将大小设为 10

当接收到 游戏胜利
播放声音 Win
显示
重复执行 45 次
　将大小增加 2
重复执行 5 次
　右转 ↻ 2 度
　等待 0.1 秒
　左转 ↺ 2 度
　等待 0.1 秒
　左转 ↺ 2 度
　等待 0.1 秒
　右转 ↻ 2 度
停止 全部脚本

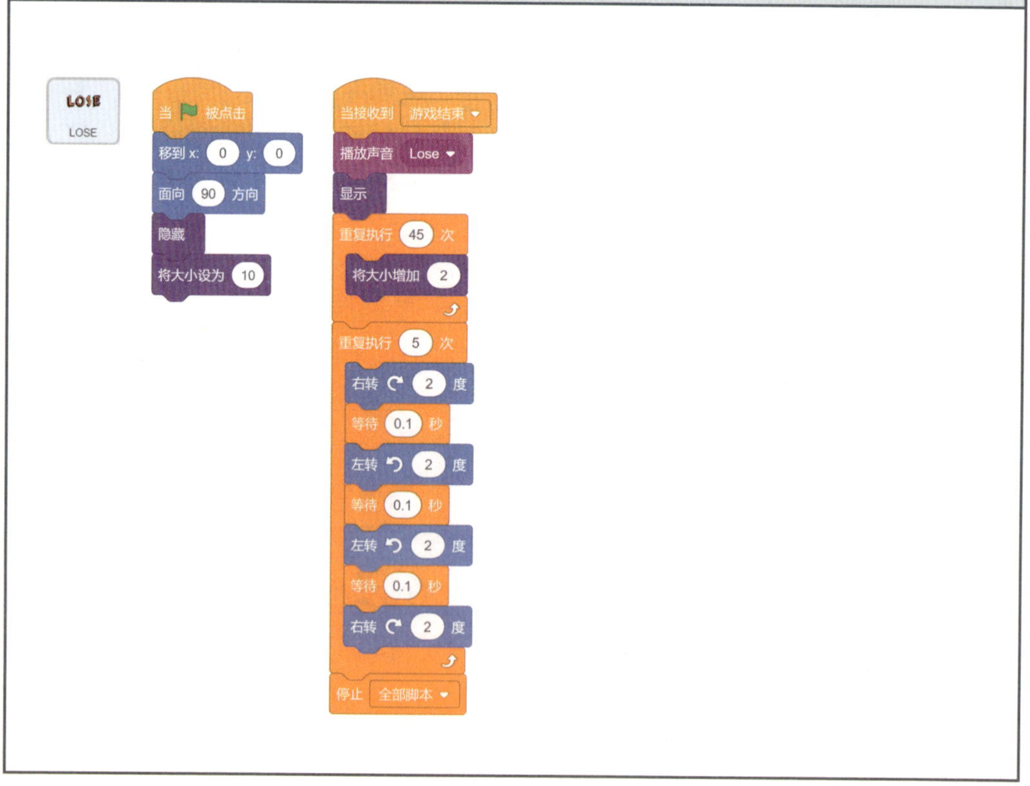

LOSE

当 ▶ 被点击
移到 x: 0 y: 0
面向 90 方向
隐藏
将大小设为 10

当接收到 游戏结束
播放声音 Lose
显示
重复执行 45 次
　将大小增加 2
重复执行 5 次
　右转 ↻ 2 度
　等待 0.1 秒
　左转 ↺ 2 度
　等待 0.1 秒
　左转 ↺ 2 度
　等待 0.1 秒
　右转 ↻ 2 度
停止 全部脚本

3.3 大鱼吃小鱼

1. 学习目标

（1）掌握让角色跟随鼠标移动的方法；
（2）掌握通过表格梳理复杂关系的方法；
（3）理解列表的使用方法；
（4）体会游戏设计的思路流程。

作品星级：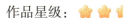

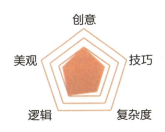

2. 作品分析

大鱼吃小鱼是一款非常有意思的游戏，不同版本的游戏有着不同的操纵方式、游戏模式和表现方式。本作品中，将要制作一款使用鼠标控制的大鱼吃小鱼游戏。

首先，设定通过鼠标来对角色的位置进行操纵，让小鱼可以跟随舞台上的鼠标位置进行运动。接下来，设定不同体型大小的鱼，本作品中使用了从小丑鱼到大鲨鱼一共6种不同种类的角色。在游戏一开始就让6种鱼全部出现在舞台上是不合适的，所以需要设定各个鱼出现的时机。游戏的关键规则是需要限定小鱼只能吃掉比自己"小"的鱼，同时小鱼自身的大小也会随之变大，所以在程序中就要不断比较鱼的大小。

3. 角色/背景分析

角 色	造型数量	声 音	背 景
Fish（鱼）	2个	Bubbles（气泡）	
1	1个	Bite（咬）	

续表

角 色		造型数量	声 音	背 景
	2	1个	Bite	
	3	1个	Bite	
	4	4个	Bite	
	5	4个	Bite	
	6	2个	Bite	Underwater1（水下世界1）
WIN	WIN●（胜利）	1个	Win	
LOSE	LOSE●（失败）	1个	Lose	

4. 变量列表分析

得分	存储当前所得的分数，以及为1~6号角色是否出现提供依据。
等级	通过当前等级来判断是否可以吃掉其他鱼，等级根据得分设定。
出现位置	存储角色出现位置的坐标信息。
出现位置2	存储体型较大角色（鲨鱼）出现位置的坐标信息。

5. 作品框架图

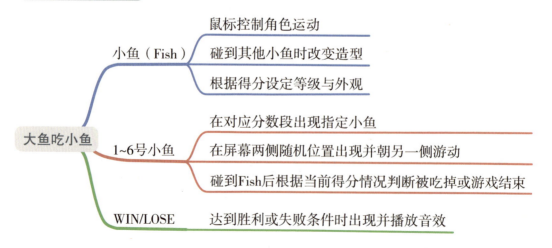

6. 要点解析

要点一：角色的造型改变

涉及角色：

在这个作品中，出现了多种海洋生物，为了方便表示，将主要角色小丑鱼的名称设为"Fish"，其余使用编号"1~6"来进行表示。其中2~4号小鱼是由Fish进行造型变化而来的，在角色区选择Fish后将其修改为不同的造型即可。

为了使作品更加生动，将Fish的造型进行修改，使其在吃掉其他小鱼时有张开嘴的动作。

（1）删除角色其他造型，将小丑鱼造型复制为两个。

（2）使用变形工具调整第二个造型张嘴的形态。

要点二：让角色跟随鼠标游动

控制角色的运动有很多种方式，这里为了更加符合游戏的效果，我们让小鱼通过"滑行"的方式移动到鼠标指针位置。达到此效果最简单的代码如下：

根据代码的含义，可以使角色不断朝着鼠标指针方向运动，但实际执行时就会发现问题：当鼠标指针固定不动时，角色就会在鼠标指针停留的位置反复切换方向。

造成这种现象的原因是角色在不断运动，当鼠标指针静止时角色的造型中心无法与鼠标重合，只能通过反复调整方向来靠近鼠标指针。

为了解决这个问题，可以将代码进行如下优化：

通过上图中的代码①，不仅可以解决上面的问题，而且可以使角色的运动更加流畅。在这段代码中，对角色的移动速度进行了调节，使其与角色和鼠标指针的距离关联，距离越远角色运动的速度越快，当距离越来越近时，角色的移动速度也会逐渐减慢。当鼠标指针静止，角色到鼠标指针的距离为0时，角色的速度也将会为0，角色不再滑行运动。

要点三：设定得分与等级、角色出现之间的关系

在这个作品中，多个角色间具有复杂的关系，为了准确高效地完成代码编写，建议先通过表格梳理一下思路，再开始代码的编写。

根据游戏规则，小鱼是会随着吃掉其他小鱼的数量增加而逐渐变大的，进而可以吃掉原来没办法吃掉的小鱼。而且6种海洋生物也不是一次性出现的，所以需要设定各个角色出现的时间。

为了协调程序中的时序及逻辑问题，建议通过一个变量来将所有关系统一起来，在这个作品中，可以以得分变量为线索对各个角色之间的关系进行梳理：

得 分	等 级	出 现	可吃掉	不可吃掉
[0, 9]	1	1, 2	1	2
[10, 19]	2	1, 2	1	2
[20, 39]	3	2, 3	2	3
[40, 59]	4	3, 4	3	4
[60, 79]	5	4, 5	4	5
[80, 99]	6	5, 6	5	6
[100, +∞]胜利	7	5, 6	5, 6	/

上面的表格显示了得分对应小鱼的等级、各种生物的出现和消失状态，以及在当前出现的海洋生物中可以被吃掉的角色以及不可被吃掉的角色。可以设定每次在屏幕上只出现两种海洋生物，随着小鱼等级的提升，原本可以被吃掉的海洋生物将消失，新的海洋生物出现。

当得分大于100，即等级到达7时，取得游戏的胜利，在此之前，如果碰到了不可吃掉的角色，那么游戏将结束。

接下来，以水母（5号）为例，来看一下小鱼的升级代码，以及判断水母是否可以被吃掉的代码设计。

涉及角色：

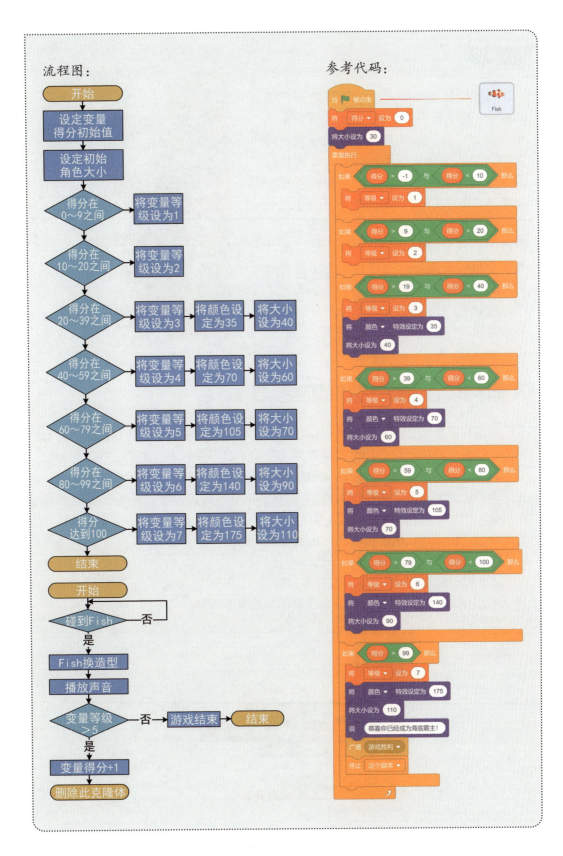

第 3 章 中级作品制作

要点解析

将逻辑梳理清晰之后便可以进行代码的制作，在小鱼的代码中大量运用了判断语句，通过"与"积木将两个判断积木进行连接，表达两侧代码同时成立时才会执行后续代码。"得分＞-1"与"得分＜10"则表示了表格中的0~9的范围（[0, 9]）。

在水母的代码中，使用"碰到……"积木检测角色是否碰到小鱼，通过广播功能使小鱼改变造型。在碰到小鱼后需要对当前的等级进行判断，如果符合等级条件，那么将获得1分，并且将水母吃掉；如果不符合等级条件，那么游戏将会结束。

要点四：让动物角色可以随机选择游动方向

根据程序需求，作品中的动物角色需要在舞台上横向游动。通过前面的作品制作，让各个角色出现在随机高度并横向游动不是一件困难的事情。在这里，为了达到更好的游戏效果，可以让角色随机出现在舞台的两侧，然后朝对侧游去。在原本的设计方式中，角色的起点和终点x坐标是固定的，我们只需要让y坐标取随机数，然后横向游动过去即可。这样一来，角色起点和终点的x、y坐标均不固定，那么又该如何让角色可以在随机高度出现然后横向游动呢？

可以将这个问题分解为两个问题：

（1）如何让角色随机地出现在舞台两侧？

（2）如何让角色自行判断当前出现的位置属于舞台的哪一侧（左右半边）？

要点解析

"在……和……之间取随机数"这个积木可以在设定的取值范围内取一个随机值,但是它的取值范围是一个范围内的任意值。在这里,需要将角色的x坐标随机限定为舞台左边(-240)或舞台右边(240),随机数因取值范围较大,没有办法限定在-240和240两个数之间取值。

这里建议使用"列表"来解决问题,用列表的两个"项"来分别存储两个坐标值-240和240。然后再借助随机数在列表的两项之内随机取一项,这样就可以得到需要的参数中的随机一项了。参考代码①。

通过第一段代码,可以使角色随机出现在舞台左边或者右边,接下来,需要使角色判断自己所在的位置,然后执行不同的代码朝舞台对面运动。代码②通过判断当前x坐标与0的大小关系,判断角色处在舞台的左侧还是右侧,然后只需要朝着对应的方向执行游动运动即可。

小提示

在变量模块可以找到列表模块,建立一个列表后,按照下图所示对列表进行操作,也可使用代码的方式对列表的内容进行增加、删除或者修改。

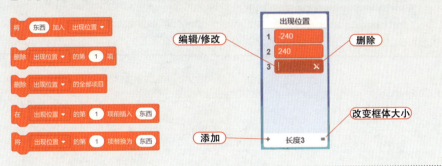

7. 代码展示

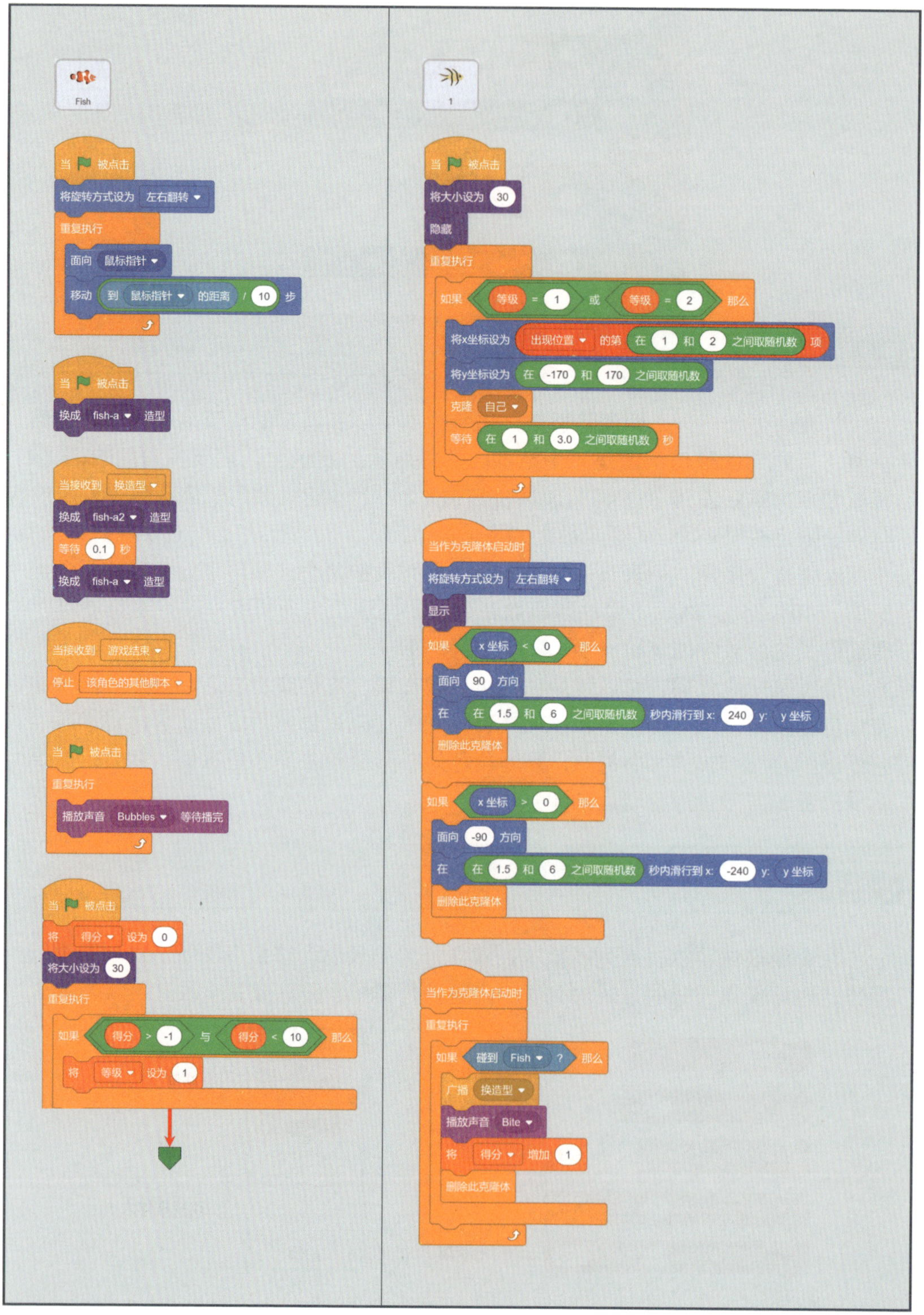
Fish
当 被点击
将旋转方式设为 左右翻转
重复执行
面向 鼠标指针
移动 到 鼠标指针 的距离 / 10 步
当 被点击
换成 fish-a 造型
当接收到 换造型
换成 fish-a2 造型
等待 0.1 秒
换成 fish-a 造型
当接收到 游戏结束
停止 该角色的其他脚本
当 被点击
重复执行
播放声音 Bubbles 等待播完
当 被点击
将 得分 设为 0
将大小设为 30
重复执行
如果 得分 > -1 与 得分 < 10 那么
将 等级 设为 1
1
当 被点击
将大小设为 30
隐藏
重复执行
如果 等级 = 1 或 等级 = 2 那么
将x坐标设为 出现位置 的第 在 1 和 2 之间取随机数 项
将y坐标设为 在 -170 和 170 之间取随机数
克隆 自己
等待 在 1 和 3.0 之间取随机数 秒
当作为克隆体启动时
将旋转方式设为 左右翻转
显示
如果 x 坐标 < 0 那么
面向 90 方向
在 在 1.5 和 6 之间取随机数 秒内滑行到 x: 240 y: y 坐标
删除此克隆体
如果 x 坐标 > 0 那么
面向 -90 方向
在 在 1.5 和 6 之间取随机数 秒内滑行到 x: -240 y: y 坐标
删除此克隆体
当作为克隆体启动时
重复执行
如果 碰到 Fish ? 那么
广播 换造型
播放声音 Bite
将 得分 增加 1
删除此克隆体

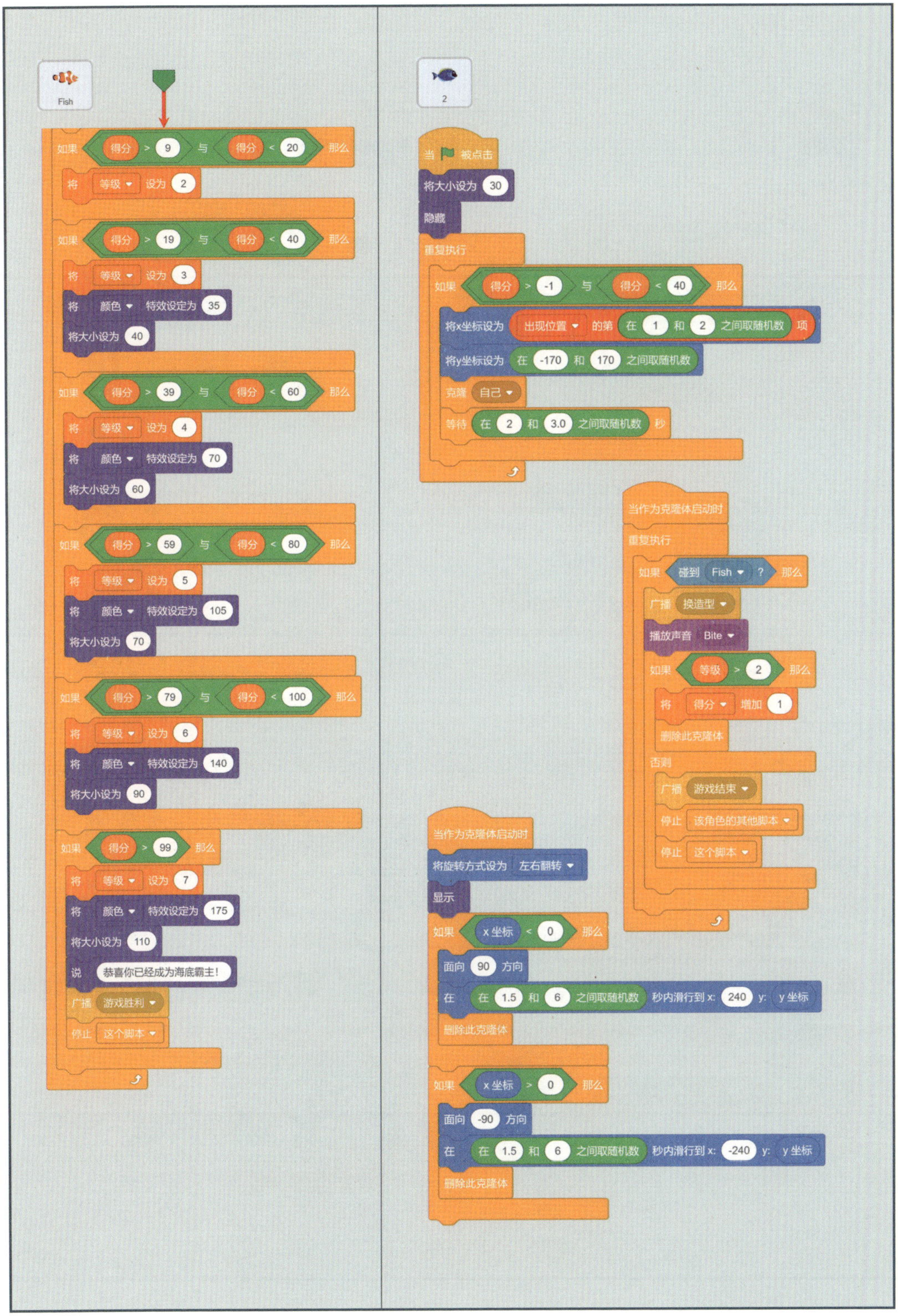
Fish
如果 得分 > 9 与 得分 < 20 那么
将 等级 设为 2
如果 得分 > 19 与 得分 < 40 那么
将 等级 设为 3
将 颜色 特效设定为 35
将大小设为 40
如果 得分 > 39 与 得分 < 60 那么
将 等级 设为 4
将 颜色 特效设定为 70
将大小设为 60
如果 得分 > 59 与 得分 < 80 那么
将 等级 设为 5
将 颜色 特效设定为 105
将大小设为 70
如果 得分 > 79 与 得分 < 100 那么
将 等级 设为 6
将 颜色 特效设定为 140
将大小设为 90
如果 得分 > 99 那么
将 等级 设为 7
将 颜色 特效设定为 175
将大小设为 110
说 恭喜你已经成为海底霸主!
广播 游戏胜利
停止 这个脚本
2
当 被点击
将大小设为 30
隐藏
重复执行
如果 得分 > -1 与 得分 < 40 那么
将x坐标设为 出现位置 的第 在 1 和 2 之间取随机数 项
将y坐标设为 在 -170 和 170 之间取随机数
克隆 自己
等待 在 2 和 3.0 之间取随机数 秒
当作为克隆体启动时
重复执行
如果 碰到 Fish ? 那么
广播 换造型
播放声音 Bite
如果 等级 > 2 那么
将 得分 增加 1
删除此克隆体
否则
广播 游戏结束
停止 该角色的其他脚本
停止 这个脚本
当作为克隆体启动时
将旋转方式设为 左右翻转
显示
如果 x 坐标 < 0 那么
面向 90 方向
在 在 1.5 和 6 之间取随机数 秒内滑行到 x: 240 y: y 坐标
删除此克隆体
如果 x 坐标 > 0 那么
面向 -90 方向
在 在 1.5 和 6 之间取随机数 秒内滑行到 x: -240 y: y 坐标
删除此克隆体

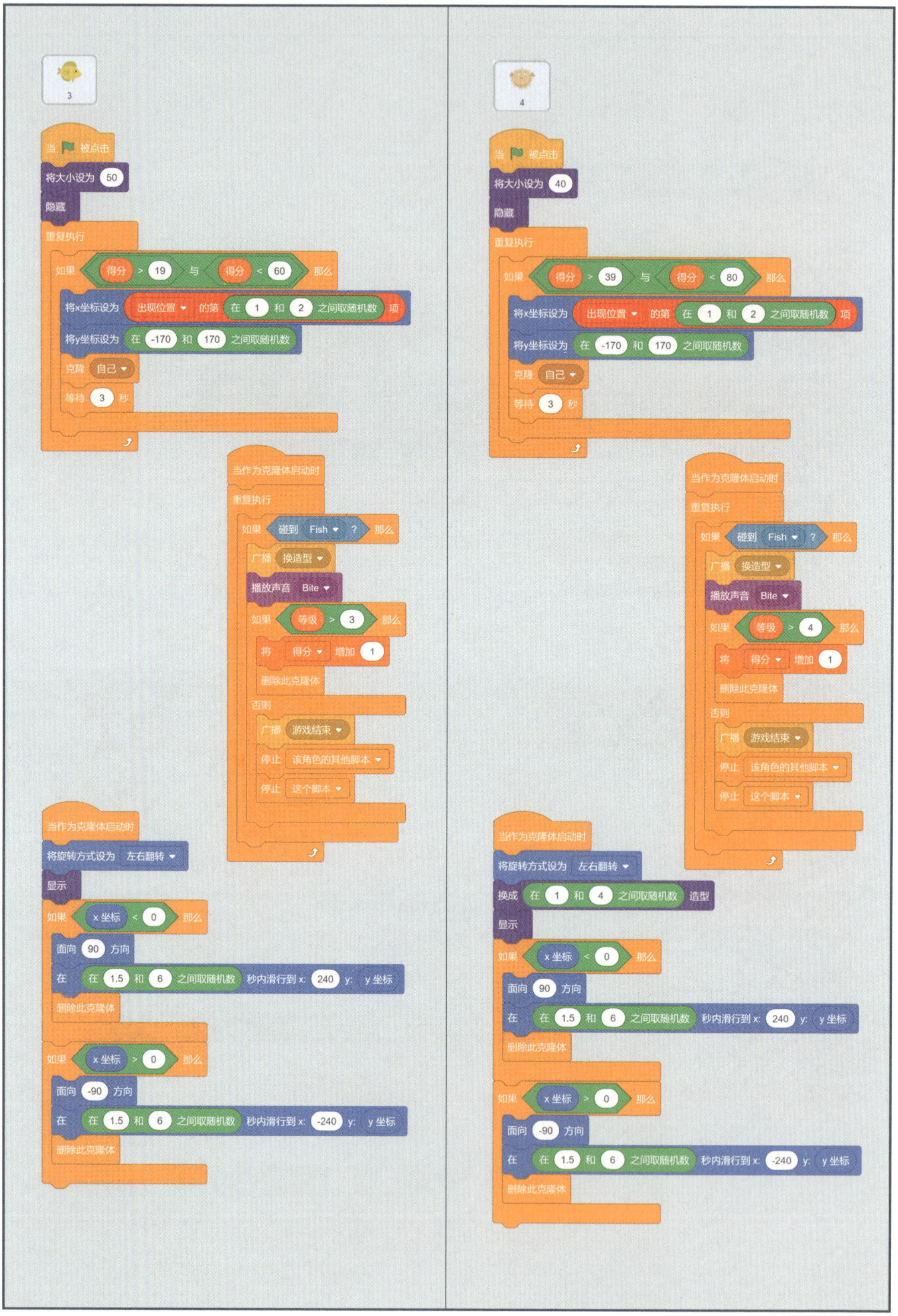

第3章 中级作品制作

122 图形化编程实操综合案例

3.4 黄金矿工

1. 学习目标

（1）能够完成较为复杂的角色、背景绘制；
（2）熟练掌握变量与列表在作品中的应用；
（3）掌握应用画笔绘制的技巧；
（4）能够完成较为复杂作品的设计。

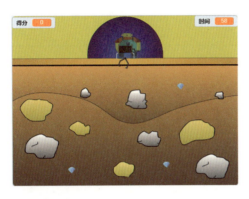

作品星级：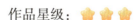

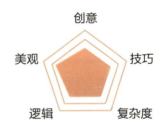

2. 作品分析

黄金矿工是一款热门游戏，通过控制矿工的抓手，抓取地下的黄金和钻石。本作品是利用Scratch来制作的一款黄金矿工游戏。在这个作品中，有大量的角色和背景需要动手绘制，在代码设计层面也有很多需要动脑筋的地方，比如如何设计钩子的摆动和抓取、如何制作钩子后面的绳索、如何设置不同的抓取力度等。本游戏如在60秒内获得40分，即可获得游戏的胜利；若分数没有达到，则游戏失败。

这个作品是对前面知识的综合应用，运用了绘制、克隆、自制积木、画笔、变量、列表等。

可以按照如下顺序按部就班地完成作品：首先实现钩子的摆动和投放钩子的功能，然后实现黄金、钻石可以被抓取上来的功能，最后为不同的抓取物设置不同的力度及细节优化。

3. 角色/背景分析

角　　色	造型数量	声　音	背　景
钩子●	1个	Low Squeak（嘎吱声）/ Kick Back（放松）	
原点●	1个	—	矿洞●

续表

角色	造型数量	声音	背景
画笔（空白角色）	1个	—	
抓取物品	16个	Coin（硬币）	
矿工	2个	—	
WIN（胜利）	1个	Win	
LOSE（失败）	1个	Lose	

4. 变量列表分析

变量	说明
得分	存储当前的得分情况，每次抓取到物品后增加对应的分值。
时间	倒计时60秒的时间，并在舞台右上方显示。
抓取	表示当前钩子的状态，变量为0表示摇摆状态，变量为1表示抓取状态。
钩子方向	表示钩子的运动方向，以控制钩子朝对应的方向运动。
速度	在抓取到不同重量的物体时为钩子设定不同的收回速度。
1分	存储分值为1分的造型的编号。
2分	存储分值为2分的造型的编号。
3分	存储分值为3分的造型的编号。
4分	存储分值为4分的造型的编号。
5分	存储分值为5分的造型的编号。
小力度	存储质量最轻的造型的编号。
中力度	存储中等质量的造型的编号。
大力度	存储质量最重的造型的编号。

> **小提示**
>
> 这个作品需要创建大量的变量和列表，它们中有些是用来记录参数并显示在舞台上的，有些则不会显示在舞台上，仅仅用作对不同情况的标识和判断，还有一些用来存储特性相同的参数……在实际操作中，我们可以根据需要创建变量和列表，命名时尽量使用贴近其用法的名称，这样可以增加代码的可读性，并且使后续的修改和调整更加方便。

5. 作品框架图

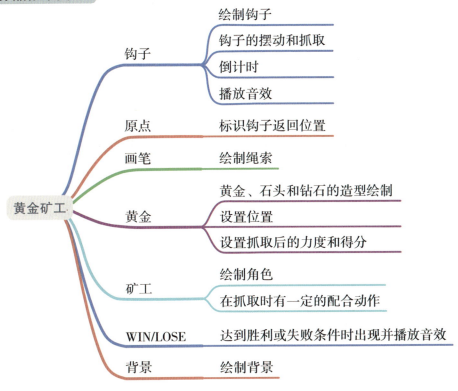

6. 要点解析

要点一：背景角色的造型绘制

舞台背景的绘制：

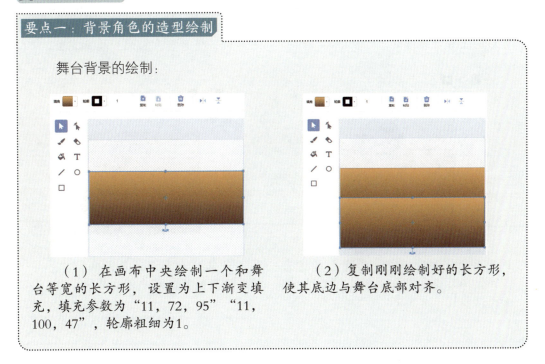

（1）在画布中央绘制一个和舞台等宽的长方形，设置为上下渐变填充，填充参数为"11, 72, 95""11, 100, 47"，轮廓粗细为1。

（2）复制刚刚绘制好的长方形，使其底边与舞台底部对齐。

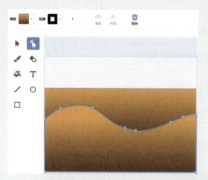

（3）使用变形工具，调整底部长方形上面一条边的形状，使其呈波浪形。

（4）在顶部绘制一个较扁的和舞台等宽的长方形，设置为中心渐变填充，填充参数为"13，100，98""12，100，86"。

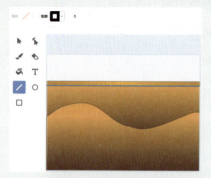

（5）绘制一条和舞台等宽，粗细为5的黑色线段，放置在刚刚绘制的长方形的下方作为修饰。

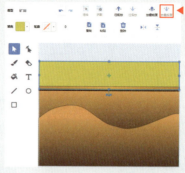

（6）绘制一个长方形，填充参数为"16，100，92"，无轮廓，将其放最后面，将舞台空白部分填充完整。

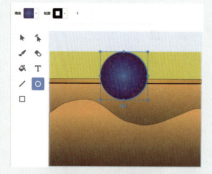

（7）按住Shift键绘制一个圆形，填充方式为中心渐变，填充参数为"56，100，74""65，100，54"，轮廓粗细为1。

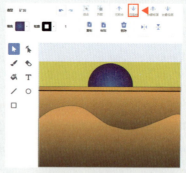

（8）点击选中圆形，将其向后放，使其只在上方的长方形上层，并调整位置使其在水平方向居中。

钩子的绘制：

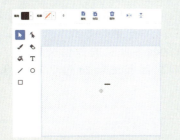

（1）绘制一个小长方形，填充参数为"0，0，29"，无轮廓。

（2）复制长方形，将其中一个按住Shift键拖动，旋转45°。

（3）将两个长方形拖动至如上图所示的位置，使用变形工具使水平放置的长方形的一条边产生一定弧度。

（4）绘制一个较小的正方形，右侧对齐。

（5）使用变形工具，选中小正方形左下角的顶点后点击删除。

（6）使用选择工具全部框选（或Ctrl+A）后选择复制、粘贴，将复制出来的部分进行垂直翻转，摆放至如上图所示的位置。

（7）绘制一个椭圆将钩子的两个部分连接，将其颜色参数设置为"0，0，15"，将钩子造型整体进行移动，使椭圆与造型中心对齐。注意钩子的方向一定要朝向正右方，这样方便后面的代码编写。

原点的绘制：

原点的作用是标记钩子起始和返回的位置，绘制一个圆形，填充为和周围相近的颜色即可，参数为"56，100，74"。

被抓取物品共有16个造型，其中除钻石可直接选择Crystal-a外，还有15个造型需要绘制，绘制造型包含黄金造型6个（3大、3中）、石头造型9个（3大、3中、3小）。这里黄金造型和石头造型的绘制各举一例：

黄金造型：

首先绘制黄金的外形，先使用圆工具绘制一个椭圆，再使用变形工具改变轮廓，使其呈金子的外观形状。接下来进行颜色填充，填充方式设为上下渐变填充，填充参数为"14，60，100""14，100，79"，轮廓粗细为3。

石头造型：

石头造型在外观上与黄金相比，棱角更加清晰，绘好后修改颜色填充参数为"17，1，100""3，9，44"，轮廓粗细为4。最后再使用画笔工具（黑色、笔粗细为3）在石头造型上绘制一些纹路即可。在绘制不同大小的造型时可复制上一个造型，在其基础上进行修改、调整。

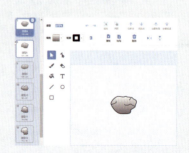

矿工的绘制：

（1）矿工由角色库中的Frank的造型修改而成，先添加Frank，保留Frank-a，删除其余造型。

（2）在Frank的前方绘制一个长方形，颜色填充参数为"13，100，31"，轮廓粗细为1。

（3）在长方形左侧绘制一个长方形窄条，颜色填充参数为"13，100，59"，轮廓粗细为1。

（4）再绘制两个长方形组成上面的形状，作为支架，放在窄条后面，颜色填充参数为"0，0，82"，无轮廓。

（5）用同样的办法绘制另外一侧的图形，可以复制前面绘制的素材，然后进行翻转。

（6）绘制3个长方形组成手柄的形状，颜色填充参数为"13，100，31"，无轮廓。

（7）使用选择工具修改Frank手臂的长度，使其与手柄高度一致。

（8）复制造型1，调整造型2的手柄和手臂位置。

要点二：钩子的摆动和抓取

钩子的运动可以分为两种状态，一种是在原点不停地左右摆动，一种是伸出进行抓取。两种状态不会同时出现，钩子总是在两种状态间进行切换。可以使用变量的方式来表示当前钩子的状态，状态的改变即转化为变量的改变。接下来，只需要对两种状态分别编辑对应的代码指令即可。代码中使用抓取变量来表示钩子的状态，变量为0表示摆动状态，变量为1表示抓取状态。

摇摆状态：

根据钩子在舞台上实际的摆动效果和拖动方向，可以估算出钩子的运动范围对应的方向大概是[-180°，-100°]，[100°，180°]。接下来，我们根据这个范围来设计代码。

由于钩子在进行摆动时的方向区间不是一个连续的范围，所以这里设定变量钩子方向来提示钩子运动的边界，设定方向为最左侧-100°时，将变量钩子方向设定为"左"；当方向为最右侧100°时，将变量钩子方向设定为"右"。

流程图：

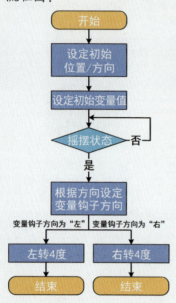

参考代码：

要点解析

这段代码中的关键内容是变量的使用以及边界值的确定。由于在摆动过程中，角色的方向是在两个不连续的区间内运动的，因此原本的一去一回的摆动方式就被分割为4个部分，在两段区间范围内各进行一次一去一回的摆动。这里使用变量来标识当前的运动方向，简化了思考的复杂度。

需要说明的是，在钩子到达最左侧时，需要向右转动，但对于角色来说应该是逆时针转动，所以要使用左转。反之则要使用右转。

在进行转向角度的设定时还要考虑边界的问题，即连续进行对应角度的转向是否能够刚好达到边界的条件（方向±100°），这里采用的是方向刚好等于某个数值时才会改变变量钩子方向，当然也可以采用其他编码方式来解决这个问题。

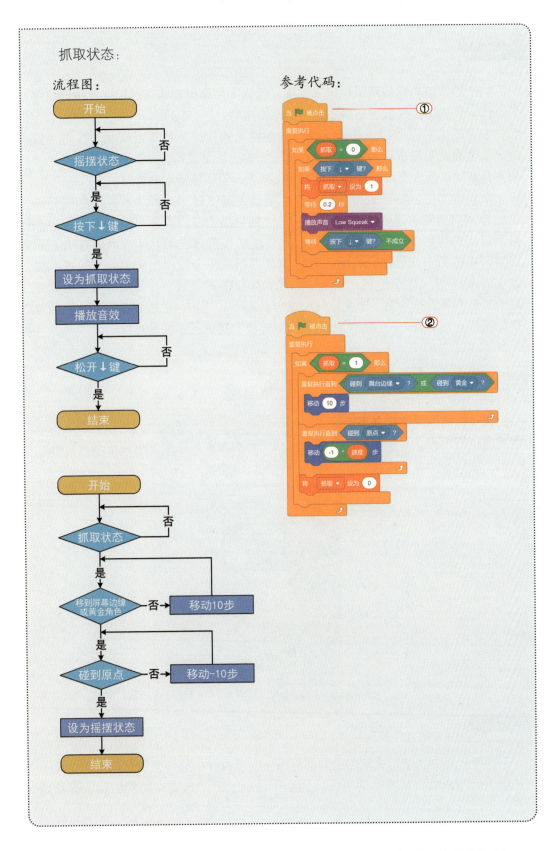

> **要点解析**
>
> 钩子的抓取功能用两段代码来实现，代码①负责控制状态的切换及按键侦测等操作，代码②负责状态切换后钩子的动作指令。
>
> 在代码①中，通过方向键下键来控制钩子的释放，当在摇摆状态按下下键时，则会将变量抓取设为1，切换为抓取状态。后面进行音乐效果的播放（为了使声音和动作配合得更好，这里延迟了0.2s），侦测按键松开即可。
>
> 在代码②中，钩子进行了抓取，抓取分为两个过程，即下放钩子和收回钩子。下放有可能出现抓取到物品和没抓取到物品（碰到屏幕边缘）两种情况，可以设定在达到上述两个条件之前，让钩子按当前方向运动（速度为10）。返回阶段由碰到物品或边缘开始，到碰到原点结束（这里应提前设置好原点的位置（0，95）），这个过程让钩子按和当前相反的方向运动（步数设定为负数即可）。若不考虑抓取物，速度依然设定为10即可，这里为后续设定不同的返回速度预留了一个变量，后续针对不同物品对速度变量进行调整即可。

要点三：绳索的制作

钩子在抓取过程中是不断运动的，而且根据抓取方向的不同，钩子每次移动的距离也不相同。为了制作一条可以自动伸缩的绳索，这里使用画笔工具来进行绘制。创建一个用于绘制的空白角色，参考代码如下：

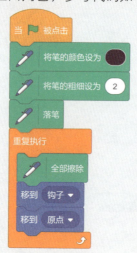

> **要点解析**
>
> 这段代码中，使用画笔的绘制功能将一条可以伸缩的绳索转化成一条在钩子和原点间不断画下又擦除的线段，达到了目标效果。代码中用到的颜色参数是"0，0，31"。

要点四：抓取物品的代码设计

造型编号	1	2	3	4	5	6	7	8	9	10	11	12	13	14	15	16
造型内容	黄金（大）			黄金（中）			石头（大）			石头（中）			石头（小）			钻石

抓取物品共分为3类，分别为钻石、黄金和石头。其中钻石1个造型，黄金6个造型（3大、3中），石头9个造型（3大、3中、3小），共有16个造型。舞台上不需要每次都出现全部的造型，可以根据需要调整。在这个作品中，舞台上会出现13个被抓取物，可以为每个抓取物设定不同的造型，使每次出现的造型有一定的区别。可以通过克隆的方式依次放置各个物品（各个物品间尽量不要重合和覆盖，物品的位置需要一定的设计，不建议随机放置）。

除此之外，抓取物品还需要完成收回速度的设定及加分等功能。

在此之前，需要先设定好不同的力度、得分列表中所包含的造型编号。以此作品为例，各列表内的参数见下表。

列表	内容					
1分	13	14	15			
2分	10	11	12			
3分	7	8	9			
4分	4	5	6			
5分	1	2	3	16		
小力度	13	14	15	16		
中力度	4	5	6	10	11	12
大力度	1	2	3	7	8	9

设定好对应的列表之后，只需要在克隆体碰到钩子后判断所在的列表，然后执行对应的操作即可。

1. 代码展示

第 3 章 中级作品制作

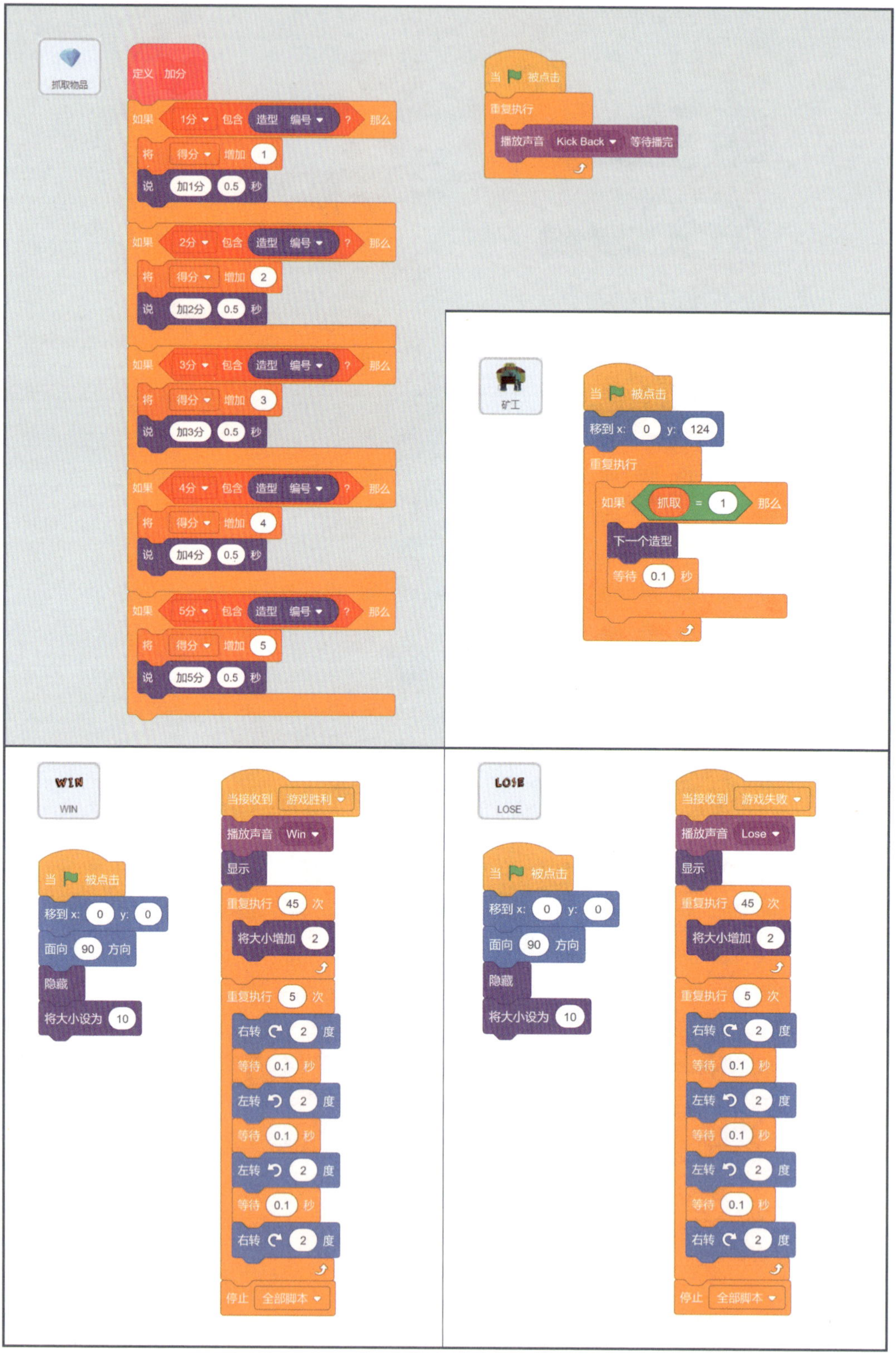
抓取物品
定义 加分
如果 1分 包含 造型 编号 ? 那么
将 得分 增加 1
说 加1分 0.5 秒
如果 2分 包含 造型 编号 ? 那么
将 得分 增加 2
说 加2分 0.5 秒
如果 3分 包含 造型 编号 ? 那么
将 得分 增加 3
说 加3分 0.5 秒
如果 4分 包含 造型 编号 ? 那么
将 得分 增加 4
说 加4分 0.5 秒
如果 5分 包含 造型 编号 ? 那么
将 得分 增加 5
说 加5分 0.5 秒
当 被点击
重复执行
播放声音 Kick Back 等待播完
矿工
当 被点击
移到 x: 0 y: 124
重复执行
如果 抓取 = 1 那么
下一个造型
等待 0.1 秒
WIN
WIN
当 被点击
移到 x: 0 y: 0
面向 90 方向
隐藏
将大小设为 10
当接收到 游戏胜利
播放声音 Win
显示
重复执行 45 次
将大小增加 2
重复执行 5 次
右转 2 度
等待 0.1 秒
左转 2 度
等待 0.1 秒
左转 2 度
等待 0.1 秒
右转 2 度
停止 全部脚本
LOSE
LOSE
当 被点击
移到 x: 0 y: 0
面向 90 方向
隐藏
将大小设为 10
当接收到 游戏失败
播放声音 Lose
显示
重复执行 45 次
将大小增加 2
重复执行 5 次
右转 2 度
等待 0.1 秒
左转 2 度
等待 0.1 秒
左转 2 度
等待 0.1 秒
右转 2 度
停止 全部脚本

3.5 电子画板

1. 学习目标

（1）培养对软件已学功能进行复现和再创造的能力；
（2）熟练掌握画笔的使用技巧；
（3）培养在编程过程中对结果的分析和预测的能力；
（4）能够尽可能地完善作品的细节。

作品星级：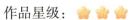

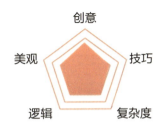

2. 作品分析

这个作品是使用Scratch制作一款模拟画板软件，通过编程设计使其可以实现画笔、橡皮、颜色选择、擦除等功能。在初始的屏幕上，按键全部是没有按下的状态，调色板是关闭的状态。先选择要使用的工具，然后开始绘画。在绘制的过程中可以随意切换颜色、更换橡皮擦、开启或关闭调色板等，当前工具的使用提示会显示在鼠标附近。

想要实现程序的全部功能，并使作品具有较好的体验感，需要对软件实际操作中可能遇到的各种情况进行提前规划，并在代码中给出对应的操作指令，这就需要使用变量来对各种情况进行标识。在开始制作之前，可以先预想一下可能会遇到的问题，然后在制作过程中不断地进行调整和优化。

3. 角色/背景分析

角 色	造型数量	声 音	背 景
画板●	1个	—	空白背景●
调色板●	1个	—	

续表

角色	造型数量	声音	背景
关闭按钮	1个	—	
橡皮按钮	2个	—	
笔按钮	2个	—	
黑色	1个	—	
红色	1个	—	
黄色	1个	—	
绿色	1个	—	
蓝色	1个	—	
深蓝色	1个	—	
紫色	1个	—	
紫红色	1个	—	
全部擦除	1个	—	
图标	2个	—	

4. 变量列表分析

橡皮状态	表示当前橡皮按钮角色的状态,变量为0表示按钮没有按下,变量为1表示按钮按下。
笔状态	表示当前笔按钮角色的状态,变量为0表示按钮没有按下,变量为1表示按钮按下。
颜色	用来设定不同的颜色,根据变量颜色的不同数值设置不同的颜色。
上一个颜色	记录上一个颜色的参数,在切换到其他按钮再切换回笔工具时,可以恢复上一次使用的颜色。
颜色列表状态	记录当前颜色列表的状态,变量为0关闭颜色列表,变量为1开启颜色列表。

5. 作品框架图

绘制角色 —— 橡皮按钮和铅笔按钮具有按下和没有按下两种造型，图标具有铅笔和橡皮两种工具造型，其余角色只有一个造型（可根据需要设定不同造型）

电子画板
- 功能1：画板区域内的绘制/擦除的功能
- 功能2：颜色列表的开启和关闭
- 功能3：可以选择不同的颜色进行绘制
- 功能4：可以点击橡皮按钮和铅笔按钮切换不同的工具
- 功能5：鼠标在画板区域内时，在鼠标附近显示当前正在使用的工具

6. 要点解析

要点一：角色的绘制

这个作品中需要绘制的角色较多，但绘制难度并不高。在创作过程中，角色及造型的设定并不是唯一的，可以根据自己的想法进行设计。下面提供各个角色的绘制方法作为参考：

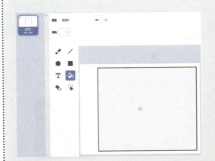

画板：

画板的绘制分为两个步骤，首先在创建的空白画布中使用矩形工具绘制一个无填充、黑色边框的长方形，大小可以根据舞台上的效果进行调整；绘制好后切换到位图模式，使用填充工具，将长方形周围的颜色填充为白色。（建议将画板设定为角色而不是背景，角色的图层在画笔的上方，可以帮我们遮挡住绘制区域外的图案。）

调色板：

调色板是由多个细条状的长方形拼接而成的，可以先绘制一个长方形，再复制为多个后调整位置，填充颜色。绘制这个角色的难点在于多个图形位置的摆放，以及使最终组合的图形形成一个正方形。

这个角色的绘制较为复杂，也可以使用一个渐变的正方形来进行代替。

关闭按钮：
　　首先绘制一个正方形，填充颜色为白色，边框为黑色。然后使用线段工具，按住Shift键绘制两条红色对角线。

橡皮按钮：
　　橡皮按钮有两个造型，分别是按下和没有按下。造型1由3部分组成：① 黑色轮廓和白色填充的正方形；② 橡皮的身体部分，由一个黑色正方形组成；③ 橡皮的头部，由一个黑色轮廓和白色填充的五边形组成。可以使用线段工具或者变形工具绘制。

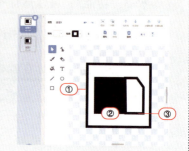

笔按钮：
　　笔按钮由两部分组成，即后面的黑色边框和白色填充的正方形、中间的笔造型。笔造型可以在造型中进行添加，然后复制、粘贴到自己创建的造型中，调整大小和摆放位置即可。

颜色色块：
　　颜色色块的绘制方法很简单，只需要绘制一个纯色的正方形即可。但是注意要保证各个色块的大小一致，最好复制出绘制完的第一个角色后再更改角色的颜色。

全部擦除：
　　全部擦除由长方形背景和"全部擦除"文字组成。

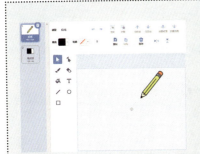

图标：
　　图标角色有两个造型，用来表示当前正在使用的工具，会出现在鼠标附近。这两个造型可以从造型库或者之前绘制的角色中找到，直接添加和复制过来即可。需要注意的是这两个造型可以稍稍偏离造型中心一些，这样可以避免在测试阶段按住鼠标后会拖动角色而无法绘制。

小提示

　　以上角色除了图标外，在绘制完成后要尽量将其对准造型中心，这样更加方便后期代码调试和位置的确定。

要点二：调色板的开启和关闭

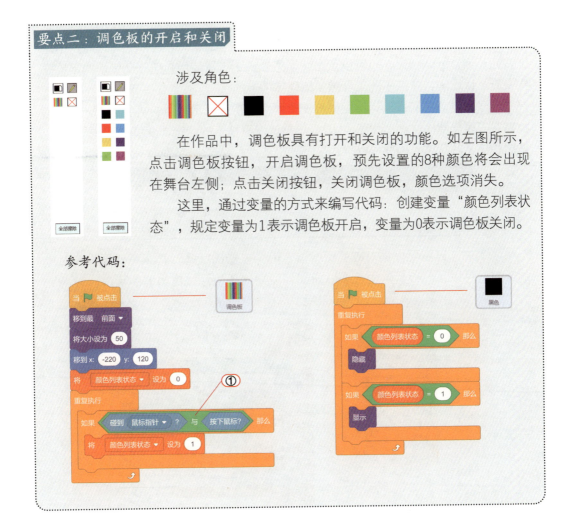

涉及角色：

　　在作品中，调色板具有打开和关闭的功能。如左图所示，点击调色板按钮，开启调色板，预先设置的8种颜色将会出现在舞台左侧；点击关闭按钮，关闭调色板，颜色选项消失。
　　这里，通过变量的方式来编写代码：创建变量"颜色列表状态"，规定变量为1表示调色板开启，变量为0表示调色板关闭。

参考代码：

> **要点解析**
>
> 通过上面给出的调色板和黑色色块的参考代码可以看到两者间是如何通过变量完成要求的功能的。
>
> 首先在调色板的代码中,通过代码①来进行按键被点击的检测,如果检测到点击则根据提前设定好的规则来设置变量。这里调色板的按钮功能是开启的,所以将变量设为1;同理在关闭按钮处应将其设为0。
>
> 接下来,因为各个色块的代码中都有不断检测变量数值的指令,所以指定各个色块在检测到变量的不同数值时执行不同的操作(显示/隐藏),来达到开启或关闭的效果。

> **要点三:橡皮/笔按钮的造型设定**
>
> 在这个作品中,橡皮按钮和笔按钮是经常会用到的两个角色,这两个按钮间存在着一定的相互关系。当刚刚开启时,两个按钮默认都是没有按下的状态,此时可以任意点击其中一个按钮,对应按钮将切换成被按下的状态。可以选择在此点击这个按钮,恢复默认状态,也可以点击切换另外一个工具使用。前一个使用的工具需要恢复默认状态,新点击的工具需要编程被按下的状态。
>
> 为了方便表示和控制,这里同样使用两个变量来表示按钮的两个状态——"笔状态""橡皮状态"。变量值为0时表示默认没有按下的状态,变量为1时表示对应按钮被按下的状态。由此可以推测出下表中几种可能产生的情况:
>
> | | 笔状态 | 橡皮状态 | 情况描述 |
> | --- | --- | --- | --- |
> | 情况① | 1 | 0 | 笔按钮被按下 |
> | 情况② | 0 | 1 | 橡皮按钮被按下 |
> | 情况③ | 0 | 0 | 两个按钮都没有被按下 |
>
> 接下来,只需要根据对应的情况设定两个变量的状态,再根据变量设定对应的造型就可以了。但是这里还要注意如何使用代码侦测按钮当前的状态。
>
> *参考代码:*
>
>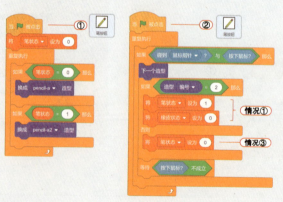

要点解析

在上面的笔按钮的两段代码中，通过代码①来完成通过变量设定造型的功能。有了这段代码后，只需要在不同的情况改变变量的数值就可以了，还可以在其他角色的代码中设定变量的数值，使程序对角色造型的控制更方便。

在代码②中，由于无法直接检测当前按钮的状态以设定对应的造型，因此通过点击+造型切换的方式，来改变角色的造型编号。通过造型编号判断出当前按钮是按下还是松开的状态，然后根据判断出的情况设定对应的变量参数。

要点四：笔的颜色切换和橡皮效果

涉及角色：

根据软件的功能，需要在颜色色块被点击后将画笔设定为对应的颜色。但是，由于在其他角色的代码中使用  无法改变画笔的颜色，因此这里也需要通过变量来进行控制。在其他角色中为变量设定不同的参数，然后在画笔角色（图标）中根据变量设定对应的颜色即可。

在Scratch中没有可以实现局部擦除功能的积木，所以这里使用与画板背景颜色相同的白色画笔作为橡皮擦使用。

参考代码：

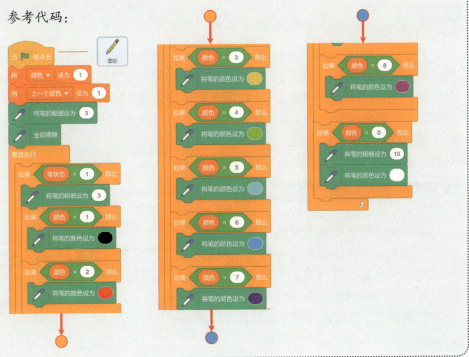

> **要点解析**
>
> 　　切换颜色的操作需要在颜色列表打开的状态下才能进行，可以在颜色色块角色的代码中颜色列表打开的部分直接添加代码①。在点击按钮且是画笔的状态下，设定颜色对应的变量参数。
>
> 　　由于在使用橡皮工具时改变了画笔的颜色，因此为了在每次使用橡皮工具后继续使用画笔可以保留切换前的颜色，此处需要再设置一个变量，在每次切换时将当前画笔的颜色存到新的变量中，切换回画笔时再恢复为原变量数值。

> **小提示**
>
> 　　将上一个颜色参数存储的操作应该在橡皮按钮角色中进行编辑，在每次切换到橡皮工具时触发 `将 上一个颜色▼ 设为 颜色` ，同样地，还需要在铅笔按钮每次触发时将颜色恢复，使用 `将 颜色▼ 设为 上一个颜色` 。在颜色积木中使用 `将 上一个颜色▼ 设为 颜色` 是为了实时更新上一个颜色变量中的参数，防止上一个颜色变量中的参数没有更新，而再次点击笔按钮造成的颜色出错。

要点五：图标角色的造型变换与显示效果设定

　　图标角色需要根据选择的工具不同，在鼠标附近标识当前正在使用的工具，并且超出舞台范围后不会显示。除此之外，图标角色还负责画笔的抬笔和落笔，根据作品设计，需要在绘制范围内选用工具按住鼠标进行绘制（落笔），松开鼠标需要抬笔，应编辑代码先让角色可以跟随鼠标移动。

绘制区域需要根据绘制的画板角色进行测定，可以使用角色拖动来确定边界的坐标信息。

下面的代码中代码①表示的就是绘制区域范围，测定边界坐标后要使用正确的比较符号和"与"积木进行连接。画笔的造型切换和落笔、抬笔功能分别使用两个自定义积木来完成。

两个功能的定义如下所示，其中造型切换功能与上文所述按钮的造型设定相似，只需要侦测对应的情况切换对应的造型和显示、隐藏状态即可。

1. 代码展示

画板

当 ▶ 被点击
移到 x: 0 y: 0

调色板

当 ▶ 被点击
移到最 前面 ▼
将大小设为 50
移到 x: -220 y: 120
将 颜色列表状态 ▼ 设为 0
重复执行
　如果 碰到 鼠标指针 ▼ ? 与 按下鼠标? 那么
　　将 颜色列表状态 ▼ 设为 1

关闭按钮

当 ▶ 被点击
移到最 前面 ▼
将大小设为 50
移到 x: -190 y: 120
重复执行
　如果 碰到 鼠标指针 ▼ ? 与 按下鼠标? 那么
　　将 颜色列表状态 ▼ 设为 0

橡皮按钮

当 ▶ 被点击
移到最 前面 ▼
将大小设为 55
移到 x: -220 y: 150

当 ▶ 被点击
将 橡皮状态 ▼ 设为 0
重复执行
　如果 橡皮状态 = 0 那么
　　换成 造型1 ▼ 造型
　如果 橡皮状态 = 1 那么
　　换成 造型2 ▼ 造型

当 ▶ 被点击
重复执行
　如果 碰到 鼠标指针 ▼ ? 与 按下鼠标? 那么
　　下一个造型
　　如果 造型 编号 ▼ = 2 那么
　　　将 橡皮状态 ▼ 设为 1
　　　将 笔状态 ▼ 设为 0
　　　将 上一个颜色 ▼ 设为 颜色
　　　将 颜色 ▼ 设为 0
　　否则
　　　将 橡皮状态 ▼ 设为 0
　　等待 按下鼠标? 不成立

146　**图形化编程实操综合案例**

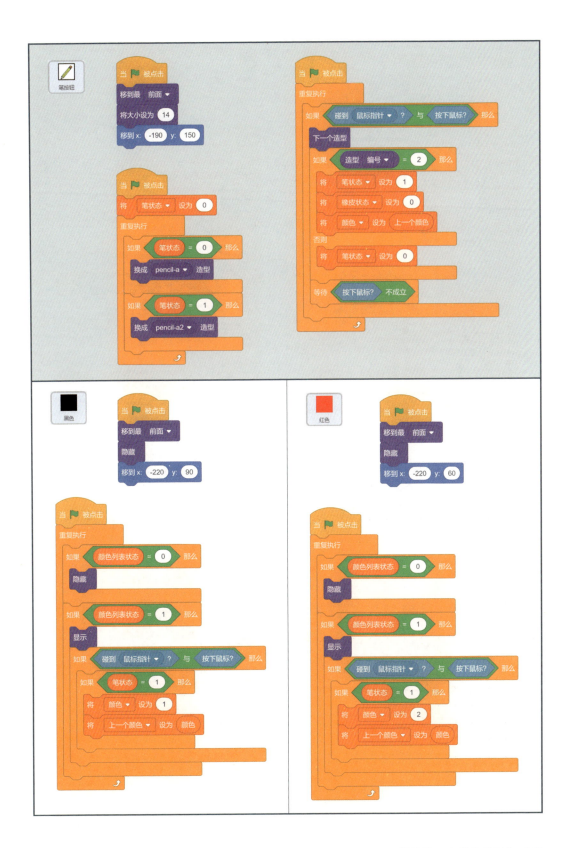

第 3 章 中级作品制作

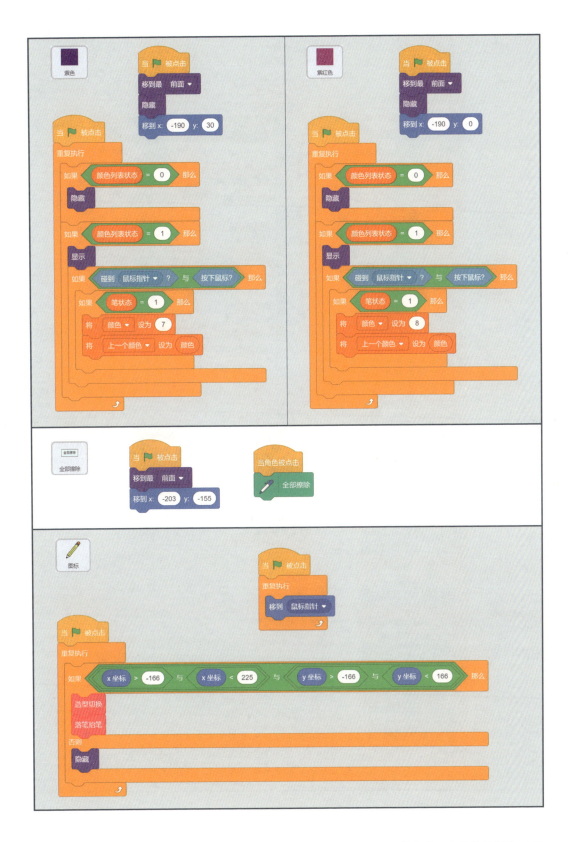

150 **图形化编程实操综合案例**

3.6 迷宫游戏

1. 学习目标

（1）体会独立设计作品的创作思路；
（2）掌握各个关卡障碍的制作方法；
（3）在作品中尽可能多地加入自己的想法和创意；
（4）具备独立设计并制作较为复杂的作品的能力。

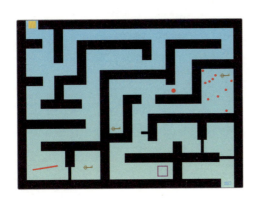

作品星级：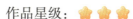

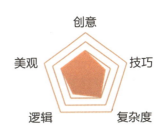

2. 作品分析

　　一款优质的迷宫游戏除了迷宫的元素外，还可以添加一些关卡元素在其中。这个作品包含了钥匙、闸门、障碍、升降平台及传送门等多种角色。玩家如果想要通过迷宫，就必须突破重重关卡，拿到钥匙，打开闸门。

　　这个作品的关键在于迷宫各种关卡的设计和代码编写。下面将重点讲述各种关卡的设计代码，你可以发挥自己的创意，设计一款属于自己的迷宫游戏。

3. 角色/背景分析

角　色	造型数量	声　音	背　景
迷宫	1个	Emotional Piano（钢琴）	
玩家	1个	—	
升降平台	1个	Sewing Machine（缝纫机）	渐变背景

续表

角色	造型数量	声音	背景
障碍1	1个	—	
障碍2	1个	Pew（拟声词）	
障碍3	1个	Drip Drop（滴落）	
key（钥匙）	1个	Magic Spell（魔法）	
闸门1	1个	Machine（机器）	
key2	1个	Magic Spell	
闸门2	1个	Machine	
key3	1个	Magic Spell	
闸门3	1个	Machine	
传送门	1个	—	
分身	1个	Teleport（传送）	
WIN（胜利）	1个	Win	

4. 变量列表分析

分身	记录当前的分身状态，分身开启变量为1，分身关闭变量为0。
回到起点	表示游戏的运行状态，当遇到返回起点的情况时将变量设为1，其余状态变量为0。
钥匙	表示当前的钥匙获取情况，没有获得钥匙变量为0，获得钥匙将变量设为对应参数并开启对应的闸门。

5. 作品框架图

- 迷宫游戏
  - 迷宫设计
  - 玩家控制
    - 可以在迷宫的通道中通过方向键运动，不可穿越迷宫墙壁
    - 碰到障碍物后将返回起点
  - 钥匙与闸门设计：选择合适位置设置钥匙与闸门，通过代码使钥匙与闸门进行关联
  - 其他设计
    - 关卡障碍
      - 障碍1：横向运动小球
      - 障碍2：散射小球
      - 障碍3：旋转平台
    - 传送门分身：通过传送门可获得分身，分身可随角色横向运动，并且具有抵挡子弹的能力，可帮助玩家获取Key2
    - 升降平台：在适当位置放置升降平台，该平台可自动移动，当角色处于平台运动轨迹上时将会被平台推动
  - 声音设计
    - 游戏背景音乐
    - 靠近各关卡时播放音效

6. 要点解析

要点一：背景角色的绘制

舞台背景的绘制：

背景：
　　将背景设置为渐变色可以使作品更具高级感。需要先绘制一个长方形，覆盖全部舞台区域（可以稍稍超过舞台边界），然后将颜色设为上下渐变填充，参数为"54，59，100""47，35，100"，轮廓粗细为0。

角色的绘制：

迷宫：
　　迷宫角色由一个个黑色长方形组成，绘制好第一个长方形，通过复制获取其他的长方形，然后将其摆放到合适的位置。需要竖向摆放的长方形可以通过旋转获得。迷宫可以根据自己的构思来设计。设计好后使用文字工具在入口和出口位置进行标记。

其余角色的绘制较为简单。下面提供其余各角色在作品中的外观，根据需求自行绘制或者设计能够完成同样功能的其他样式的角色：

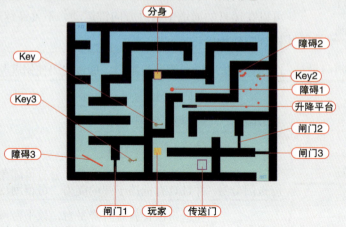

要点二：玩家的运动控制

在这个作品中，玩家需要控制黄色方块（玩家角色）在迷宫区域内进行移动，通过方向按键可以使角色朝对应的方向运动，但是不允许穿过墙壁；在碰到红色的障碍物时将会回到入口的位置。

参考代码：

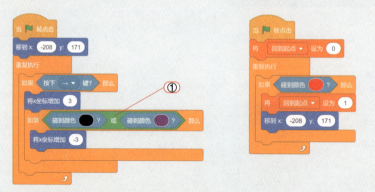

要点解析

上面的两段代码分别是角色移动功能的代码和碰到障碍物回到入口的代码。左侧代码中，通过坐标移动的方式使角色运动，当碰到墙壁后（代码①）将坐标减小相同的大小，这样角色就不能穿过墙壁了。代码①中的黑色表示墙壁，紫红色表示分身的颜色，使角色不能穿过它的分身（注意：分身的颜色和传送门的颜色相似但不相同）。右侧代码同样通过检测颜色的方式检测障碍物，在返回起点的同时修改变量的参数，使其他角色也可以在玩家回到起点的时候通过检测变量变化来执行相应的操作。

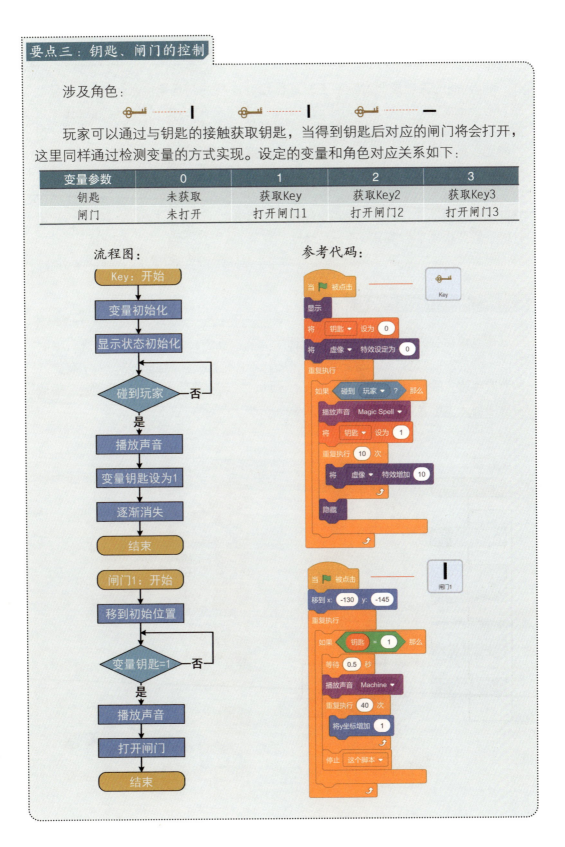

> **要点解析**
>
> Key代码的关键是要对玩家不断进行检测，检测到玩家接触Key后将变量调整为对应的参数，然后执行对应的效果变化指令。在Key的代码中，通过虚像效果的不断增加使角色达到消失的状态，虽然此时在舞台上无法看到这个角色，但"碰到"模块还是会不断进行检测，所以这里需要将角色设为隐藏状态。
>
> 闸门1需要检测的变量参数是"1"，在检测到对应参数后打开闸门。这里为了使声音效果不重叠，让闸门的声音效果等待0.5 s后再执行。闸门1在作品中需要向上方滑动开启，这里使用坐标使角色逐渐向上移动，打开闸门。在作品设计时，需要根据实际情况调整角色运动的代码。

要点四：障碍物的代码设计

作品中设计了3个障碍，运用了3种不同的运动方式。障碍1不断地进行横向移动；障碍2在一定范围内进行散射；障碍3不停地旋转。除此之外，为了有更好的游戏体验，障碍2和障碍3还有音效的设计，当玩家移动到障碍附近时就会播放对应障碍关卡的音效。

下面以障碍2为例讲解代码的设计：

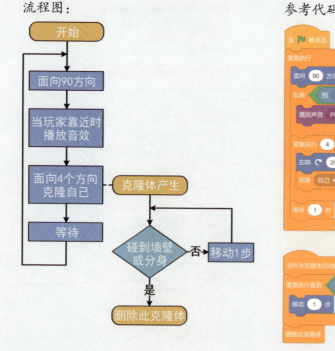

要点解析

由于在玩家的代码中是使用颜色对障碍物进行检测的，因此在设计障碍物时首先要保证颜色的统一（如果用其他代码检测障碍物可忽略这一点）。其次是障碍物的运动方式设计，障碍1和障碍3较为简单，障碍2则是通过运用克隆，达到散射的效果。每次克隆所旋转的角度需要根据实际情况和需求来设定，角度参数可通过多次尝试获得。最后，散射效果在碰到墙壁或分身后会消失。

根据设计，需要玩家靠近障碍时才播放对应的音效，因此需要使用距离检测积木来检测障碍与玩家间的距离，距离范围则需要通过多次尝试取得合适的参数。这里需要注意的是，障碍2的声音播放是与发射频率有关的，因此需要放置在发射代码之前；而障碍3则与频率无关，单独设置一段控制音效播放的代码即可。

要点五：分身的产生

涉及角色：

为了通过障碍2且丰富游戏内容，作品中增加了传送门和分身的设定。当玩家触碰到传送门后将在上方出现一个和玩家外观类似的"分身"，这个分身可以穿过墙壁、抵挡子弹，但只跟随玩家进行横向运动，而且玩家不能够穿过这个分身。完成这些设定后，障碍2密集的攻势就可以使用传送门和分身来破解啦。

首先，需要在传送门处编写检测玩家的代码（下图左）。

在这段代码中，通过改变变量分身将信息传递给分身角色，这里需要注意的是，这段代码使用了重复执行，且并没有在检测到玩家后停止这个脚本，这是为了实现重复开启分身的功能。而变量的参数改变为1后对应的是分身正在运行的状态，当分身的运行状态结束后一定要记得恢复变量分身的参数。为分身编写代码（下图右），让分身可以侦测到变量的变化。

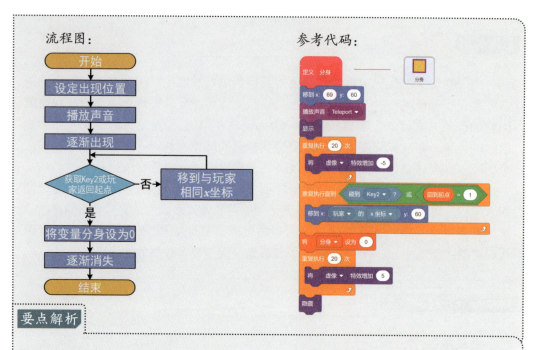

要点解析

　　分身出现的高度要和Key2相同。另外，在使用虚像特效使角色呈现逐渐出现和逐渐消失效果的时候最好同时附加上显示和隐藏，因为正如前文所述，特效增加显示的"消失"并不是真正的消失，角色仍可以被"碰到……"积木检测到，为了不重复触发"碰到……"积木，最好使用"隐藏"积木。

　　分身可以随玩家进行左右移动是通过改变坐标实现的，在侦测模块可以找到获取玩家坐标信息的积木。结束跟随移动的情况有两种，分别是获取了Key2或者在移动过程中碰到了障碍，回到了起点。无论哪种情况，都需要停止分身的运动，并且使变量分身恢复为0，然后消失。

要点六：升降平台的相关代码

涉及角色：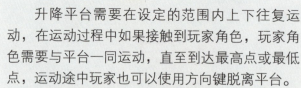

　　升降平台需要在设定的范围内上下往复运动，在运动过程中如果接触到玩家角色，玩家角色需要与平台一同运动，直至到达最高点或最低点，运动途中玩家也可以使用方向键脱离平台。

　　同时升降平台也具有音效效果，在玩家靠近平台时播放。

　　使用右侧代码使平台不断进行上下运动（具体位置需要根据放置位置设计）。

玩家角色随升降平台运动的本质其实是玩家角色的运动，所以可以在玩家角色的代码中添加这个功能。为了使代码结构清晰，这里使用自制积木来完成玩家角色随升降平台运动的功能。

玩家随平台的升降分为两种情况，分别是角色在平台上方，随平台向上运动；以及角色处于平台下方，随平台向下运动。角色的运动可以使用坐标的增加和减少来完成。

要点解析

两种情况的判断可以由角色的 y 坐标与升降平台的 y 坐标进行比较。

情况（1）为角色上升的情况。在这段代码中，代码①表示角色最终要上升到的高度，需要根据迷宫的实际情况来决定，这里在到达平台上升高度后恰好遇到墙体，所以将 y 坐标再向上设置一些，到墙体上方。代码②表示角色在上升过程中的速度，可以通过多次试验确定，最终使角色移动速度与平台升降速度相近即可。代码③则是完成角色在中途离开平台的功能，检测当前角色的 x 坐标是否在平台范围内（平台 x 坐标加减一定的数值），具体的参数需要根据平台宽度来决定，同样可以采取多次试验的方式。当角色 x 坐标超过该范围，即离开平台时，则停止继续运动的脚本。

7. 代码展示

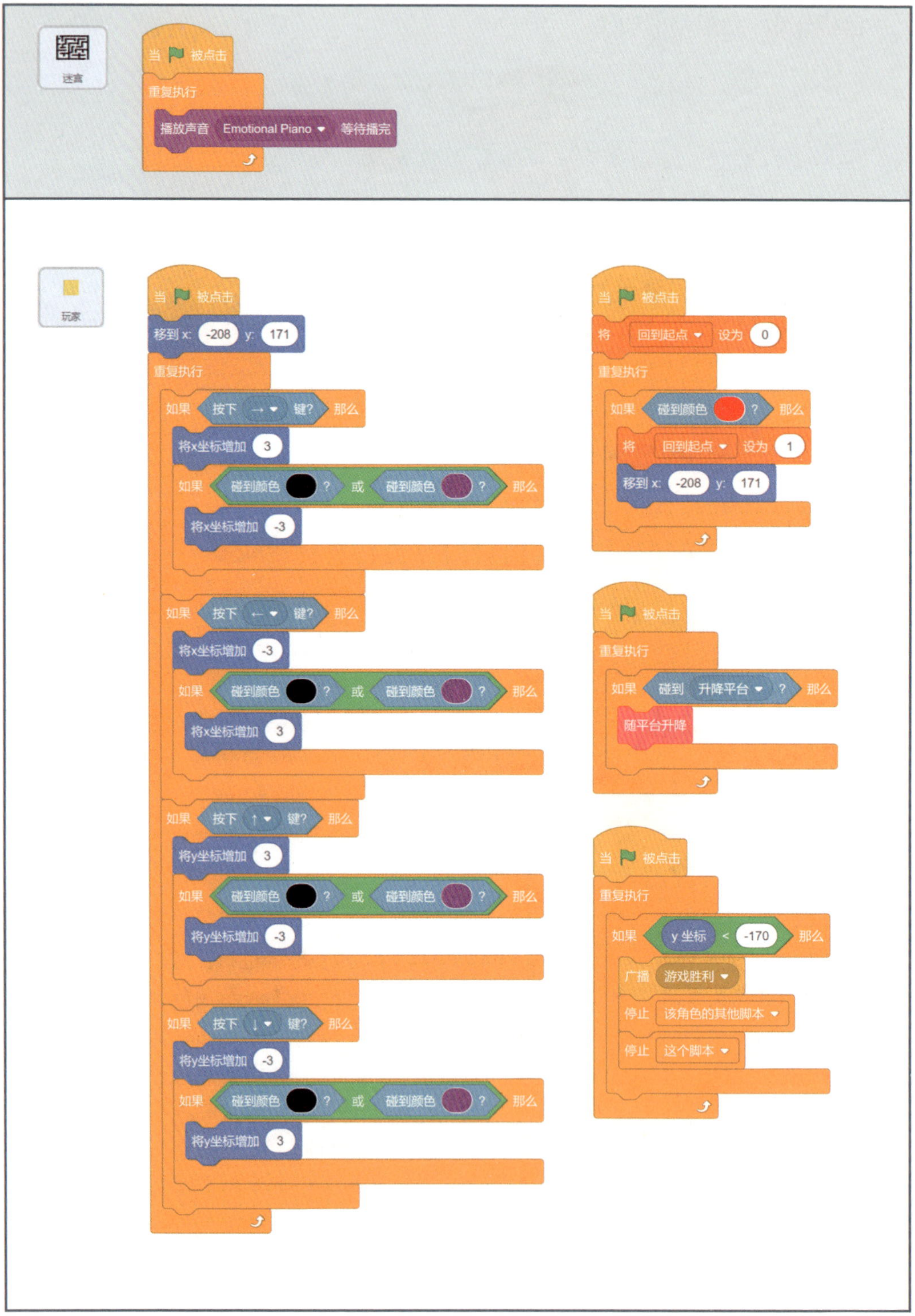
迷宫
当 被点击
重复执行
播放声音 Emotional Piano 等待播完
玩家
当 被点击
移到 x: -208 y: 171
重复执行
如果 按下 → 键? 那么
将x坐标增加 3
如果 碰到颜色 ? 或 碰到颜色 ? 那么
将x坐标增加 -3
如果 按下 ← 键? 那么
将x坐标增加 -3
如果 碰到颜色 ? 或 碰到颜色 ? 那么
将x坐标增加 3
如果 按下 ↑ 键? 那么
将y坐标增加 3
如果 碰到颜色 ? 或 碰到颜色 ? 那么
将y坐标增加 -3
如果 按下 ↓ 键? 那么
将y坐标增加 -3
如果 碰到颜色 ? 或 碰到颜色 ? 那么
将y坐标增加 3
当 被点击
将 回到起点 设为 0
重复执行
如果 碰到颜色 ? 那么
将 回到起点 设为 1
移到 x: -208 y: 171
当 被点击
重复执行
如果 碰到 升降平台 ? 那么
随平台升降
当 被点击
重复执行
如果 y 坐标 < -170 那么
广播 游戏胜利
停止 该角色的其他脚本
停止 这个脚本

第 3 章　中级作品制作

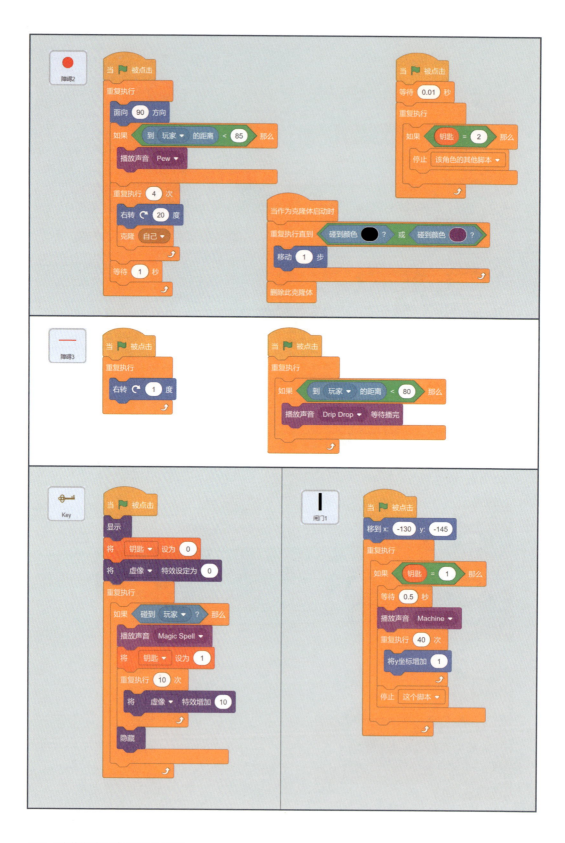

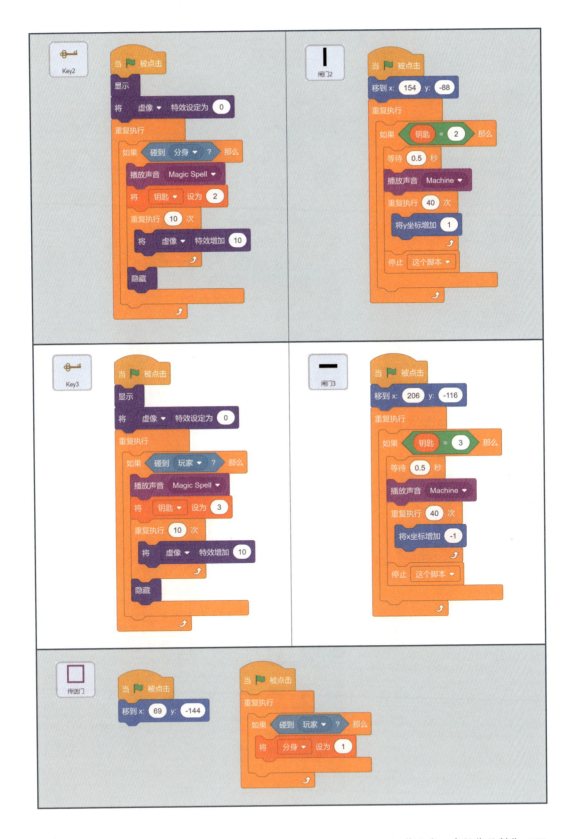

分身

当 🚩 被点击
- 移到 x: 69 y: -144
- 隐藏
- 将 虚像 ▼ 特效设定为 100
- 重复执行
  - 如果 〈回到起点 = 1〉那么
    - 隐藏
    - 移到 x: 69 y: -144
    - 等待 0.01 秒
    - 将 回到起点 ▼ 设为 0

定义 分身
- 移到 x: 69 y: 60
- 播放声音 Teleport ▼
- 显示
- 重复执行 20 次
  - 将 虚像 ▼ 特效增加 -5
- 重复执行直到 〈碰到 Key2 ▼ ? 或 回到起点 = 1〉
  - 移到 x: 玩家 ▼ 的 x坐标 y: 60
- 将 分身 ▼ 设为 0
- 重复执行 20 次
  - 将 虚像 ▼ 特效增加 5
- 隐藏

当 🚩 被点击
- 将 分身 ▼ 设为 0
- 重复执行
  - 如果 〈分身 = 1〉那么
    - 分身

WIN

当 🚩 被点击
- 移到 x: 0 y: 0
- 面向 90 方向
- 隐藏
- 将大小设为 10

当接收到 游戏胜利 ▼
- 播放声音 Win ▼
- 显示
- 重复执行 45 次
  - 将大小增加 2
- 重复执行 5 次
  - 右转 ↻ 2 度
  - 等待 0.1 秒
  - 左转 ↺ 2 度
  - 等待 0.1 秒
  - 左转 ↺ 2 度
  - 等待 0.1 秒
  - 右转 ↻ 2 度
- 停止 全部脚本 ▼

第 4 章 高级作品制作

4.1 雷霆战机

1. 学习目标

（1）体会作品设计的思路和代码实现的方法；
（2）能够通过绘制制作所需角色素材；
（3）能够较为熟练地将特效、运动、声音等效果应用在作品中；
（4）能够独立创作复杂程度较高的作品。

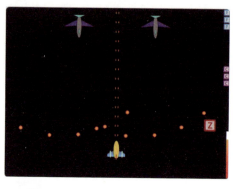

作品星级：⭐⭐⭐⭐

2. 作品介绍及分析

本作品是用Scratch制作的一款飞机大战的游戏。玩家需要操控飞机冲破重重难关，打败最终的BOSS（终极目标）。在游戏过程中玩家可以按下"F"键召唤护盾，使角色在一段时间内不受伤害，也可以使用"C"键召唤超级武器，对敌人进行全面打击。空中会不断飘落道具箱，道具"Z"可以升级玩家飞机的子弹等级，道具"S"可以恢复一定的生命值，道具"F"可以增加一个护盾，道具"L"可以召唤僚机辅助攻击，道具"C"可以增加一个超级武器。

屏幕右侧显示当前玩家所拥有的防护罩数量、超级武器数量及剩余血量。

可以将这个作品拆解为几个核心部分，分别是基本游戏框架、各种道具、信息提示系统。

其中基本游戏框架包含玩家飞机的移动、攻击、被攻击，敌机的移动、攻击、被攻击以及背景的移动。有了这些，一个基本的飞机大战游戏框架就已经完成啦。

接下来是为游戏设计各种道具，并实现其对应的功能。比如保护罩需要能够时刻跟随玩家飞机移动并阻挡攻击，僚机可以出现在玩家飞机旁边并发射子弹等。

最后是对生命、道具数量等信息进行图形化的提示，将原本使用变量记录的数据转化为直观形象的图形。

完成以上核心部分的设计后可以继续对作品的细节进行修饰，包括各个角色出现的效果、时间、颜色等，还可以根据自己的设计让作品更加合理美观。

3. 角色/背景分析

角 色		造型数量	声 音	背 景
	背景1	1个	—	
	背景2	1个	—	
	飞机	1个	Dance Energetic（动感舞曲）	
	飞机子弹	4个	—	
	僚机	1个	—	
	僚机子弹	1个	—	
	道具	5个	—	
	血量条	1个	—	
	道具提示	2个	—	
	防护罩	1个	—	
	超级武器	1个	Crunch（碎裂）	
	敌机1	2个	Pew（拟声词）	Stars（星星）
	敌机2	2个	Pew	
	敌机子弹2	1个	—	
	敌机2-2	2个	Pew	
	敌机子弹2-2	1个	—	
	敌机3	2个	Pew	
	敌机子弹3	1个	—	
	敌机3-2	2个	Pew	
	敌机子弹3-2	1个	—	
	BOSS（终极目标）	2个	Pew	
	BOSS子弹	1个	—	

续表

角　色	造型数量	声　音	背　景
WIN WIN（胜利）	1个	Win	
LOSE LOSE（失败）	1个	Lose	

5. 作品框架图

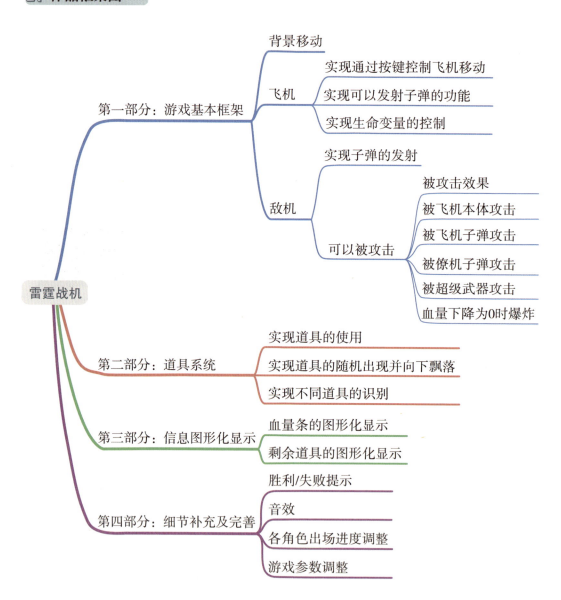

5. 变量列表分析

超级武器数量	记录当前超级武器的数量，超级武器的展示数量根据这个变量确定。
防护罩数量	记录当前防护罩的数量，防护罩的展示数量根据这个变量确定。
当前数量（C）	在道具数量图形化显示过程中，侦测超级武器数量是否发生变化。
当前数量（F）	在道具数量图形化显示过程中，侦测防护罩数量是否发生变化。
僚机	表示僚机的启动状态，数值为0时表示未启动，数值为1时启动僚机。
生命	记录玩家飞机当前的生命数值，初始大小为100，最小为0。
子弹等级	表示当前子弹的等级，在获取子弹升级道具后将该变量加1，同时改变飞机的子弹形态。
波数	（仅适用于敌机1）标注克隆体，使带有不同变量的克隆体可以同时执行不同的指令。
敌机生命	（仅适用于敌机1、敌机2、敌机2-2、敌机3、敌机3-2、BOSS）记录各个角色的生命数值，彼此之间互不影响。

6. 要点解析

要点一：角色的绘制

作品中应用了大量绘制素材，下面主要讲解几个关键角色的绘制，其余复杂角色将为大家展示其分解结构并提供参数，帮助大家快速完成角色绘制。

飞机的绘制：

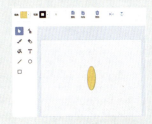
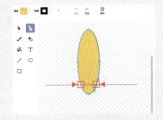

（1）使用椭圆工具在画布中央绘制一个长条椭圆，颜色填充参数为"14，100，100"，边框为黑色，粗细为1。

（2）在椭圆的底部使用变形工具标记两个点（可以使用直线作为辅助线）。

（3）使用变形工具，点击椭圆最底部的圆点，点击删除，使其呈上图样式。

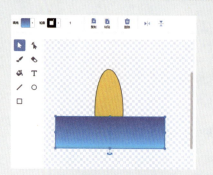
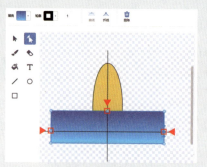

（4）使用矩形工具绘制一个长方形，填充方式为上下渐变填充，颜色参数为"63，71，100""54，71，100"，轮廓为黑色，粗细为1。

（5）使用变形工具在长方形上标记3个点，分别为上边中点、左右两边中点靠下位置（可使用直线辅助）。

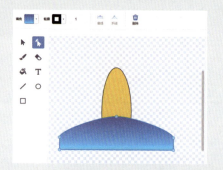
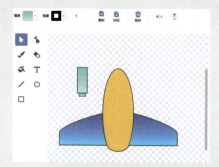

（6）使用变形工具删除长方形左上和右上两个顶点，使其呈上图样式。

（7）将变形后的长方形置于底层并调整位置。再使用矩形工具绘制一大一小两个长方形的组合体。填充方式为上下渐变填充，颜色参数为"48，64，96""48，20，96"，轮廓为黑色，粗细为1。

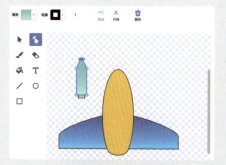
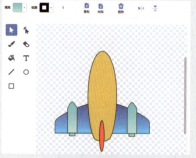

（8）使用变形工具拖曳长方形上边中点，使其呈上图样式。

（9）将长方形组合体复制为2个，分别置于机翼左侧和右侧，绘制一个椭圆形作为飞机尾部装饰，颜色填充参数为"5，77，100"。

子弹的绘制：

 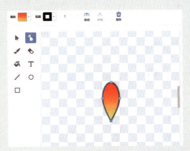

（1）使用圆形工具绘制一个椭圆，使用上下渐变填充，颜色参数为"0，100，100""15，100，100"，轮廓为黑色。

（2）使用变形工具将椭圆底部的点向下拖曳一段距离，更改线型为折线。

 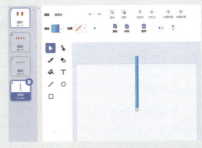

（3）将其复制为多个，便可得到数量不同的造型。

（4）飞机子弹的造型4激光武器是一个长方形，填充方式为左右渐变填充，颜色参数为"52，100，100""60，72，100"，无轮廓。

防护罩的绘制：

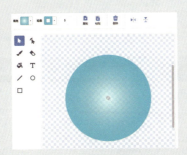

> **小提示**
>
> 作品中的角色与造型可以按照自己的想法进行创造。这里只是给大家一些参考的外观样式，希望小读者们可以学习其中的创作方法，完成属于自己的设计！

防护罩为一个中心渐变填充的标准圆形，颜色为透明至参数"52，95，97"，轮廓为相同颜色，粗细为5。

僚机的绘制：

僚机由以下两个部分组合而成，可以使用椭圆和长方形变形得到。在确定位置时，需注意使僚机角色与飞机角色保持同一坐标，然后在造型中确定两个僚机所处的位置。

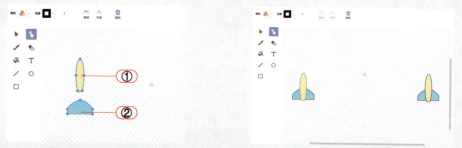

颜色与填充：

	填充方式	颜　　色	轮廓颜色	轮廓粗细
①	纯色	"15, 42, 100"	黑色	1
②	上下渐变	"54, 100, 100" "51, 100, 100"	黑色	1

道具的绘制：

道具角色有5个造型，各造型组成元素相同，主题色和文字部分有所区别，均由3个部分组成：①为正方形，②为4条绘制在正方形4个角的线段，③为文本。

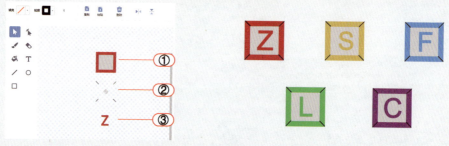

颜色与填充：

	填充方式	颜　　色	轮廓颜色	轮廓粗细
①	纯色	(0, 0, 84)	Z "0, 100, 85" S "14, 100, 89" F "56, 100, 92" L "38, 100, 71" C "81, 95, 73"	10
②	—	—	黑色	1
③	纯色	同轮廓颜色	同轮廓颜色	1

敌机1的绘制：

敌机1分为飞机和爆炸两个造型，造型1由3个部分组成，其中①和②可由长方形通过变形得到，③为两条线段；造型2由一个空心圆形与几条线段组成。

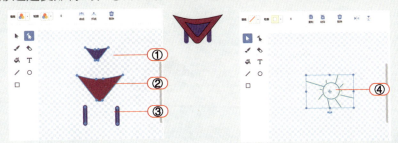

颜色与填充：

	填充方式	颜　　色	轮廓颜色	轮廓粗细
①	纯色	"72，100，100"	黑色	1
②	纯色	"94，71，66"	黑色	1
③	—	—	"72，100，100"	12
④	—	—	"17，16，100"	5

敌机2的绘制：

敌机2的造型1由4个部分组成：①为等腰三角形，可由长方形通过变形得到，②可由长方形通过变形得到，③和④为椭圆。敌机2的造型2与敌机1的造型2相同。

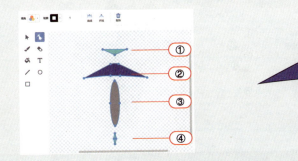

颜色与填充：

	填充方式	颜　　色	轮廓颜色	轮廓粗细
①	纯色	"48，78，85"	黑色	1
②	纯色	"61，100，73"	黑色	1
③	纯色	"0，7，58"	黑色	1
④	纯色	"48，78，85"	黑色	1

敌机3的绘制：

敌机3的造型1由5个部分组成：①②④可由长方形通过变形得到，③为两条垂直交叉的线段，⑤为长方形。敌机3的造型2与敌机1的造型2相同。

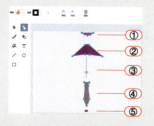

颜色与填充：

	填充方式	颜　　色	轮廓颜色	轮廓粗细
①	纯色	"89, 78, 82"	黑色	1
②	纯色	"79, 71, 66"	黑色	1
③	—	—	黑色	1
④	纯色	"0, 7, 58"	黑色	1
⑤	纯色	"89, 78, 82"	黑色	1

BOSS的绘制：

BOSS的造型1由7个部分组成：①为两个长方形的组合，②是由长方形变形得到的五边形，③是与机翼等宽的3条线段，④是6个三角形的组合图形，三角形可由长方形变形得来，⑥和⑦可通过椭圆变形得到。BOSS的造型2与敌机1的造型2相同。

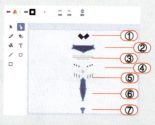

颜色与填充：

	填充方式	颜　　色	轮廓颜色	轮廓粗细
①	纯色	"58, 78, 34"	黑色	3
②	纯色	"58, 78, 60"	黑色	3
③	—	—	黑色	1
④	纯色	"61, 60, 73"	黑色	1
⑤	纯色	"64, 4, 53"	—	—
⑥	纯色	"61, 60, 73"	黑色	3
⑦	纯色	"61, 60, 100"	黑色	3

要点二：背景移动

涉及角色：

为了使背景能够移动，我们使用最下层角色来充当背景（因为背景无法添加移动指令）。以上两个角色是复制背景中的Stars背景而得到的。先在背景中添加好Stars背景，然后将其拖曳至新建的角色上即可。如下图：

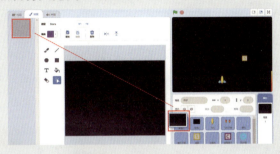

可以使用y坐标减少的方式使背景角色向下运动，由于角色大小的原因，当背景1向下运动时会在舞台上留有空白区域。此时我们需要让背景2紧随背景1向下运动，以补充背景1在舞台上移动所留下的空白区域。当背景移出舞台区域后再回到顶端重复运动。

示意图：

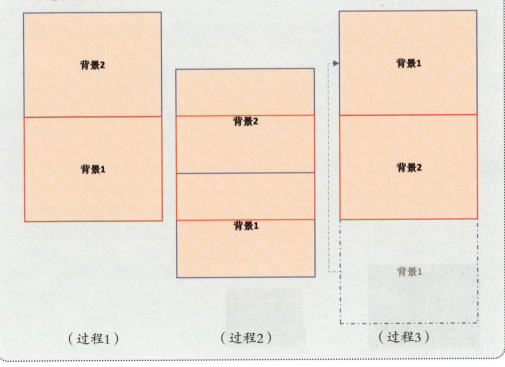

在理想状态下，背景角色由舞台中心（0，0）运动至完全离开舞台应运动角色高度的距离，即360。（背景库中的背景尺寸为标准舞台大小480×360。）

但在实际情况中，角色无法完全移出舞台，因此需要通过以下两段代码测试角色在舞台上所能运动的最大区域。经过测试得到背景1和背景2所能达到的最大y坐标为345，最小y坐标为-345。

通过以上分析，编写如下代码：

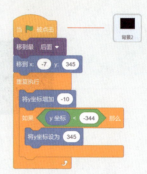

要点解析

通过这两段代码可以使两个背景角色同时向下运动，并且当即将移出舞台时可以自动回到舞台顶部继续运动。在舞台上呈现的效果就是背景在不停地向下滚动。其中代码①的作用是确定角色的初始位置，背景1初始状态覆盖全部舞台，背景2在背景1的顶部。（将x坐标设为-7是为了给右侧通过画笔绘制角色血量条留出一定空间，如果覆盖全屏幕，角色将把画笔绘制内容挡住。）

通过代码②可以使两个角色以相同的速度向下运动。代码③用来检测角色是否到达最底部，如果到达，那么将角色重新放在最顶部的位置继续下落。代码③和代码④中的参数是根据角色可以到达的最低和最高限度确定的。

小提示

在实现了功能后还要考虑画面的效果，由于背景角色的顶端和底部颜色相差较大，在衔接处会出现明显的痕迹。我们通过添加图层的方式来解决这个问题。

在两个角色背景的造型中覆盖一层上下渐变填充的矩形，大小与背景相同。颜色填充为空白和黑色，无轮廓。这样就可以在尽可能保留背景图片细节的情况下，使上下颜色统一了。

要点三：子弹的发射与升级

涉及角色：

本作品中大量应用了子弹射击的效果，各个角色射出子弹的方式不尽相同，这里通过飞机子弹的代码讲解射击功能实现的原理，可以在此基础上设计出更多的发射方式。

本作品中飞机子弹在不断地向上方发射子弹，在获得子弹升级的道具后可以改变射出子弹的类型，当等级达到4时，可以在一段时间内射出激光（造型4）。

飞机子弹的4个造型分别如下：

其中子弹1~3从飞机发射出去后向前运动即可，激光需要在发射出去之后也能够实时跟随飞机运动。

流程图： 参考代码：

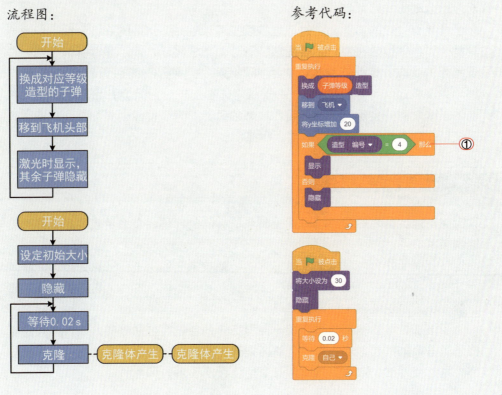

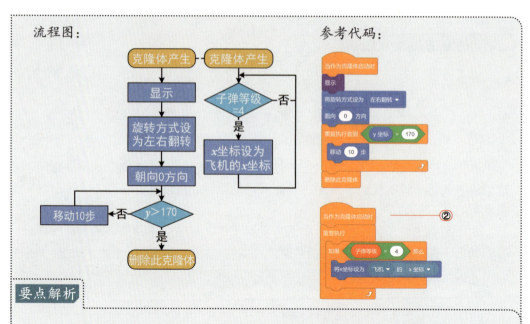

要点解析

子弹射击的实现逻辑就是使本体不断地移动到飞机所在的位置并且不停地克隆,当克隆体产生后将会从飞机的位置按照预定的代码发射出去。在这里,飞机的子弹是需要不停地向上运动的,所以使用朝向0°方向不断移动来实现。在其他飞机子弹中还应用了散射、追踪、螺旋发射等效果,只需要在克隆体处为其设置对应的运动方式即可。

子弹具有升级的功能,通过造型的切换可以完成1~4级的等级变换,但激光与其他子弹不同的是在发射之后应该能够随着飞机移动,而不是像其他子弹一样呈现错落的状态。因此在克隆体中添加了代码②,使子弹等级为4时,克隆体可以移动到飞机x坐标。与此同时,由于克隆体在出现之后就会开始运动,在飞机头部的子弹发射处会出现一小段闪烁状态的激光。为了使画面更加美观,通过代码①使切换到激光时,本体可以显示出来。

要点四:实现攻击功能与效果

上述功能实现之后,再编写好控制飞机移动的代码,那么游戏的基本框架就已经快要完成了。

现在还需要使角色可以被发射出来的子弹攻击之后消失,才算完成了完整的基础功能。可以直接为角色编写好"碰到……"积木,然后隐藏或删除此克隆体,那么最简单的被攻击代码就完成了。

为了增加游戏体验,这里介绍一种为各个角色设定生命值的方式,并且随着飞机子弹等级的提升,攻击力也会随之提升。首先根据各个角色之间的攻击与被攻击关系,整理出一张表,然后为各个角色设定攻击力和生命值。

攻击关系与参数	敌机1(生命3)	敌机2(生命150)	敌机子弹2	敌机2-2	敌机子弹2-2	敌机3(生命400)	敌机子弹3	敌机3-2	敌机子弹3-2	BOSS(生命2000)	BOSS子弹
飞机(生命100)	-5	-10	-3	-10	-3	-15	-5	-15	-5	-20	-10
	-3	-5		-5		-5		-5		-5	
飞机子弹	-1×等级	-1×等级	—	-1×等级	—	-1×等级	—	-1×等级	—	-1×等级	—
僚机子弹	-1	-1	—	-1	—	-1	—	-1	—	-1	—
超级武器	-3	-5	—	-5	—	-5	—	-5	—	-10	—

上面这张表中飞机的初始生命值为100，被敌机1攻击（与敌机1发生碰撞）每次减少5点生命值，被敌机子弹2攻击到每次减少3点生命值……敌机2的初始生命值为150，被飞机子弹攻击到每次减少当前子弹等级（1~4）的生命值，被僚机子弹攻击到每次减少1点生命值，被超级武器攻击到每次减少5点生命值……敌机子弹2与飞机子弹、僚机子弹、超级武器间不具有攻击条件……其余各项内容以此类推。表中数值仅供参考，设计游戏时可以根据实际的需求来设定对应的内容。

以敌机1为例：

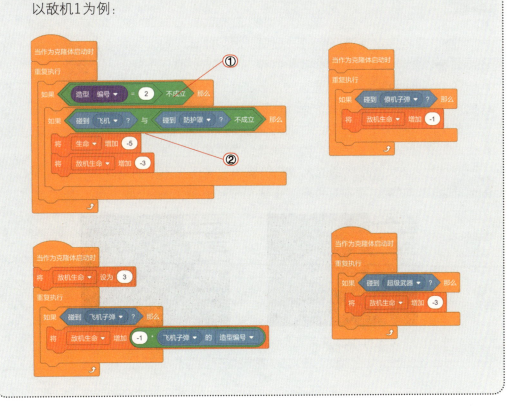

第4章 高级作品制作

> **要点解析**

通过上述代码可以实现敌机1的生命初始化与减少。

其中代码①的意思是在非爆炸效果时，才能够执行使飞机生命减少的指令，避免敌机已被消灭还使玩家飞机减少生命的情况。

代码②的含义是使敌机1在有保护罩时无法造成敌机生命的减少与自身生命的减少。

代码③表示当敌机生命下降至0或小于0时，切换成爆炸造型，播放音效并同时放大至消失。（其中由于敌机1生命值较低，碰到保护罩时也会触发爆炸。）

> **小提示**

敌机1是由多次克隆产生的，如果此时克隆体仅仅对常规变量"敌机生命"进行判断，会导致所有克隆体敌机共用一个变量，从而无法对各个克隆体敌机当前的生命值进行判断。所以这里的"敌机生命"变量在创建时应设为"仅适用于当前角色"，这样可以使每个克隆体拥有单独的"敌机生命"变量。

敌机2、敌机2-2、敌机3、敌机3-2以及BOSS中都是使用这个方法，使每个"敌机生命"变量仅在此角色中生效，和其他角色中的变量独立计数，互不影响。

同样地，在敌机1产生的大量克隆体中，为了使不同的克隆体飞机拥有不同的运动轨迹，变量"波数"也是"仅适用于当前角色"。

"仅适用于当前角色"变量与"适用于所有角色"变量

要点五：僚机效果的实现

僚机在游戏过程中需要实现两个功能：首先，在得到僚机道具时能够开启僚机，并且能够在一段时间后关闭僚机；其次，在僚机开启的过程中需要能够始终跟随飞机运动。

程序中设定了"僚机"变量，并且规定，当变量为1时，启动僚机，并且使僚机子弹处于发射状态；当变量为0时，关闭僚机与僚机子弹。

观察下面两组代码：

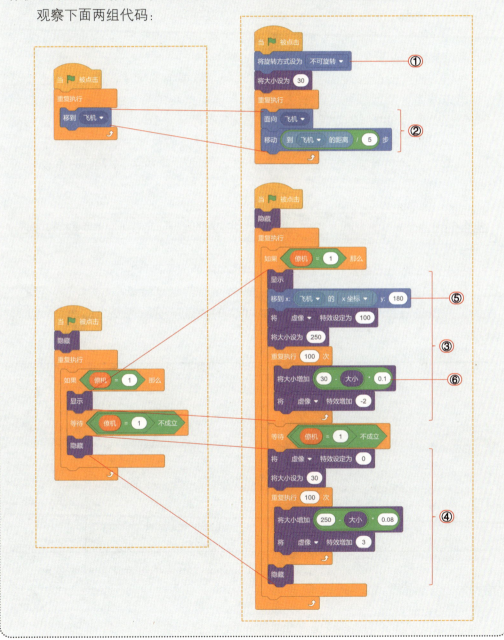

要点解析

从功能角度来讲，左侧代码已经完全可以实现预期的功能。但是为了使作品呈现更好的效果，可以对代码进行一定的优化。右侧代码分别对僚机的跟随功能和显示、消失进行了一定程度的优化，使原本生硬的效果变得顺滑流畅。

通过代码②，将原本面对飞机的同步移动改变为面向飞机的变速移动。代码②可根据僚机与飞机的距离调节运动速度，当距离较大时，会以较大的速度向飞机运动；当距离逐渐减小时，向飞机移动的速度也会同步减小；当距离非常小，甚至趋近于0时，僚机则会停止运动。通过代码①，使僚机在运动过程中不会因为方向的变化而改变角色的朝向。

代码③和代码④对僚机的显示和消失进行了效果上的优化，使原本的直接显示和消失变为逐渐显现和逐渐消失，同时伴随着大小的变化。其中代码⑥起到了与僚机变速运动类似的效果，使僚机可以在变大和变小时以不同的速率进行变化。代码⑤的作用是在僚机出现时有一个简短的从上方过渡的效果。

下面主要分析一下代码⑥中各个参数是如何影响角色以不同速率改变大小的：

（角色的最终大小）　将大小增加　30　大小　0.1　（大小变化的速率，0~1之间，数值越大速度越快）

表中数据显示了重复执行10次该积木每次角色大小改变的数值。可以看到，随着每次角色大小的减小，和初始数值30之间的差距也会越来越小，那么每次减少的数值也就会越来越小，在角色大小上的体现就是角色变小的速度会越来越慢。

30	250	0.1	−22
30	228	0.1	−19.8
30	208.2	0.1	−17.82
30	190.38	0.1	−16.038
30	174.342	0.1	−14.4342
30	159.9078	0.1	−12.9908
30	146.917	0.1	−11.6917
30	135.2253	0.1	−10.5225
30	124.7028	0.1	−9.47028
30	115.2325	0.1	−8.52325

由此可以推演出角色经过足够多次的循环后，随着角色大小的持续改变，当角色大小与初始数值相同时（两者间相差为0），角色大小将不会再变化，角色大小=初始数值。

要点六：防护罩与超级武器

防护罩和超级武器的功能实现相对简单。

防护罩和僚机类似，需要完成两个功能，首先需要和飞机同时移动，其次需要通过按键开启（显示），一段时间过后自动消失（隐藏）。

超级武器的造型是一条直线，在启动时通过克隆在屏幕四周产生克隆体，在克隆体被启动时使其同时向屏幕中央移动然后消失。由于此前已经设定好被攻击到的角色在碰到超级武器时生命值减少的代码，因此这里只需要完成超级武器的显示与移动就可以了。

具体代码可参考后面代码展示部分。

小提示

各个角色的代码设计并不是固定的，希望大家可以在此基础上充分发挥自己的创意。

要点七：图形化显示血量与道具数量

作品整体的运行和功能已经基本实现了，那么我们就可以将编程过程中使用变量来表示的数值通过图形化的方式显示出来，使作品具有更好的视觉效果。

本作品中需要显示的过程变量分为以下两类，分别使用了不同的方法。

（1）生命值的图形化显示——画笔绘制法

在游戏作品中经常看到以血量条的方式来表示角色当前的生命值，如下图：

在Scratch中也可以实现这种效果，上面的图形可以分为两个部分，一个是下层的血量框，另一个是表示当前生命值的血量条。通过画笔分别来进行绘制，就可以得到类似上图的效果了。但如果直接使用比较粗的画笔进行一次性绘制会出现如下效果，由于画笔太粗，在线段的两端呈现出弧形，并且比较模糊。

如果想通过画笔实现直角转弯的话，就需要将画笔调至足够细，然后进行多次绘制。

第4章　高级作品制作　183

示意图：

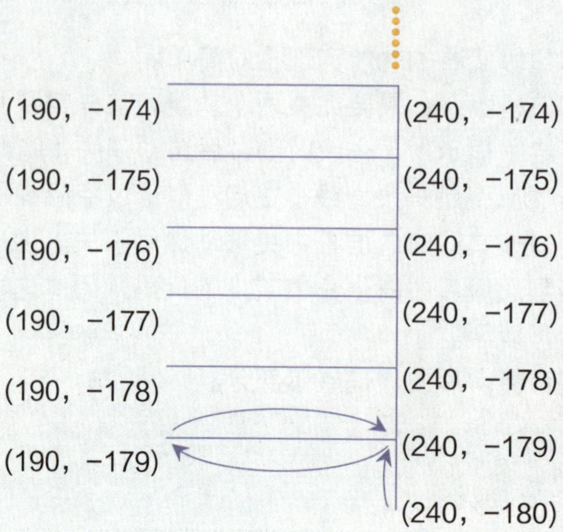

```
(190, -174)        (240, -174)
(190, -175)        (240, -175)
(190, -176)        (240, -176)
(190, -177)        (240, -177)
(190, -178)        (240, -178)
(190, -179)        (240, -179)
                   (240, -180)
```

参考代码：

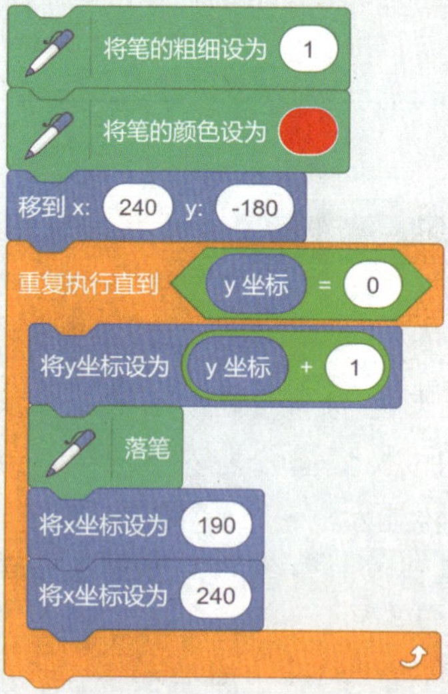

- 将笔的粗细设为 1
- 将笔的颜色设为 ●
- 移到 x: 240 y: -180
- 重复执行直到 y 坐标 = 0
  - 将 y 坐标设为 y 坐标 + 1
  - 落笔
  - 将 x 坐标设为 190
  - 将 x 坐标设为 240

效果图：

接下来，通过自制积木将其转化为可以绘制指定长度并且没有绘制过程（运行时不刷新屏幕）的积木代码：

参考代码：

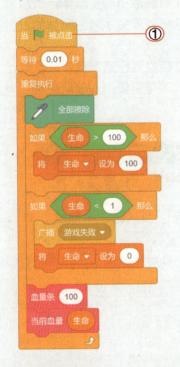

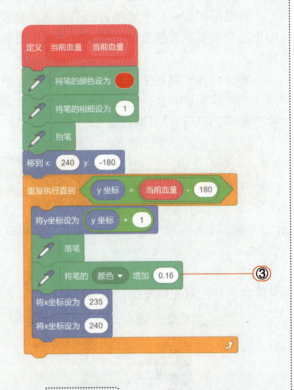

要点解析

代码①主要实现了血量条的不断绘制功能，并且限定了生命变量的最大值（100）和最小值（0）。

由于绘制的起点位于舞台的最下方，即y=-180的位置，而实际如果以1个单位代表1点生命值的话，那么最终的y坐标应该等于舞台底部的y坐标加上生命值所对应的y坐标长度。因此，通过代码②来表示当前血量实际需要绘制到的y坐标。

代码③使生成的血量条可以有颜色的变化，具体参数可以根据实际需要来调整。

（2）道具数量的图形化显示——克隆体法

使用克隆生成指定数量的克隆体并使其依次排列，想要实现这个功能并不复杂。难点在于如何在变量发生变化时增加或减少指定数量的克隆体。

这里不妨改变一下思路，当检测到变量发生变化时删除所有克隆体，然后再根据当前变量的数值重新生成对应数量的克隆体。这样就避免了对克隆体的过多操作。

那么如何检测到变量发生了变化呢？这就需要在每次进行道具数量展示时记录下当前的变量参数，然后在代码中添加检测代码，这里需要引入辅助变量"当前数量（C）"和"当前数量（F）"，如下图：

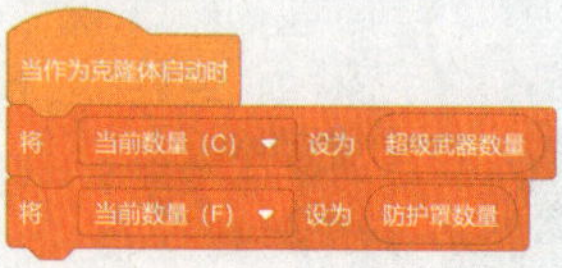

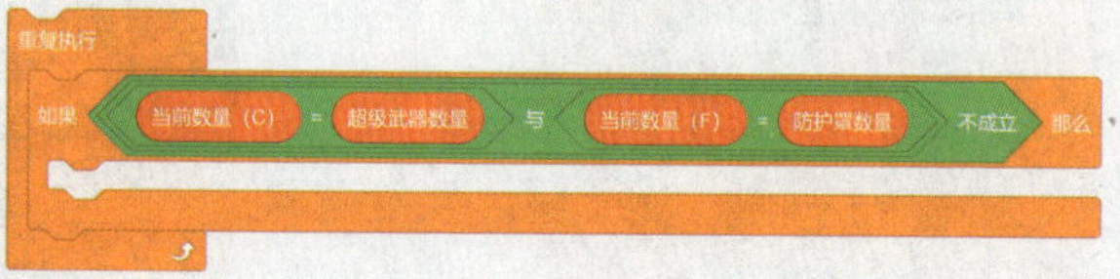

通过以上两段代码可以对变量"超级武器数量"与"防护罩数量"进行侦测。

接下来，只需要在游戏开始与检测到两个变量中任一个发生变化时删除旧的克隆体，产生对应数量的新克隆体就可以了。

参考代码：

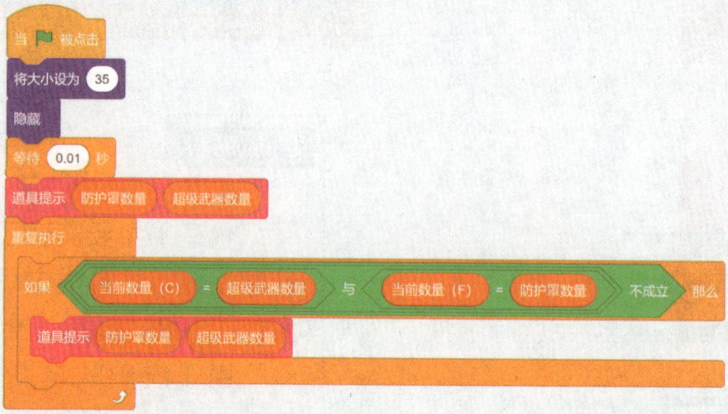

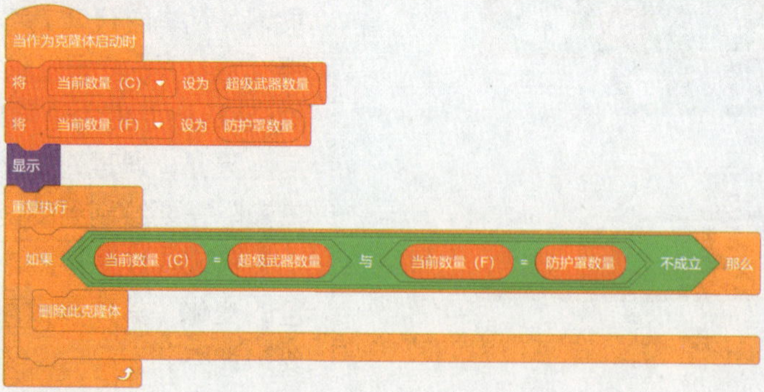

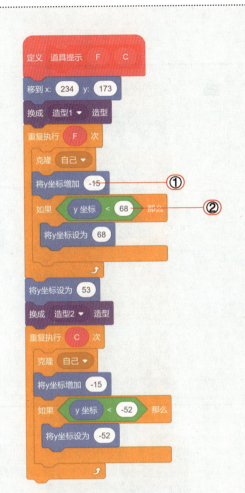

要点解析

通过左侧代码就可以出现指定数量的克隆体。

其中代码①是根据克隆体的大小来决定的，在本体向下移动继续克隆的同时，使两个克隆体间可以保持一定的间距。

代码②的作用是防止克隆体数量过多与其他元素重合或超出舞台等情况的发生。当经过多次移动使角色的y坐标小于指定参数时，角色的y坐标不再发生变化。这里的参数也可以通过实际测试获得，限定可以显示的最大数量为8个，超过8个时将不再继续显示。

要点八：作品细节补充及优化

在主要功能完成后，不要忘记对作品的细节进行补充和完善。比如添加一定的声音效果以及胜利、失败的提示，使作品更加完整。除此之外，作品整体功能的调试也是非常重要的一个环节，要想完成一个优秀的作品，一般要经过反复测试与优化。

下图是作品中各个敌机角色的出场与退场的大致时间设置，以供参考。

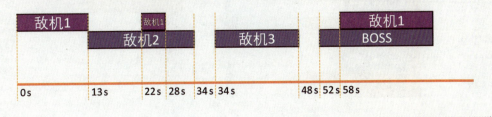

7. 代码展示

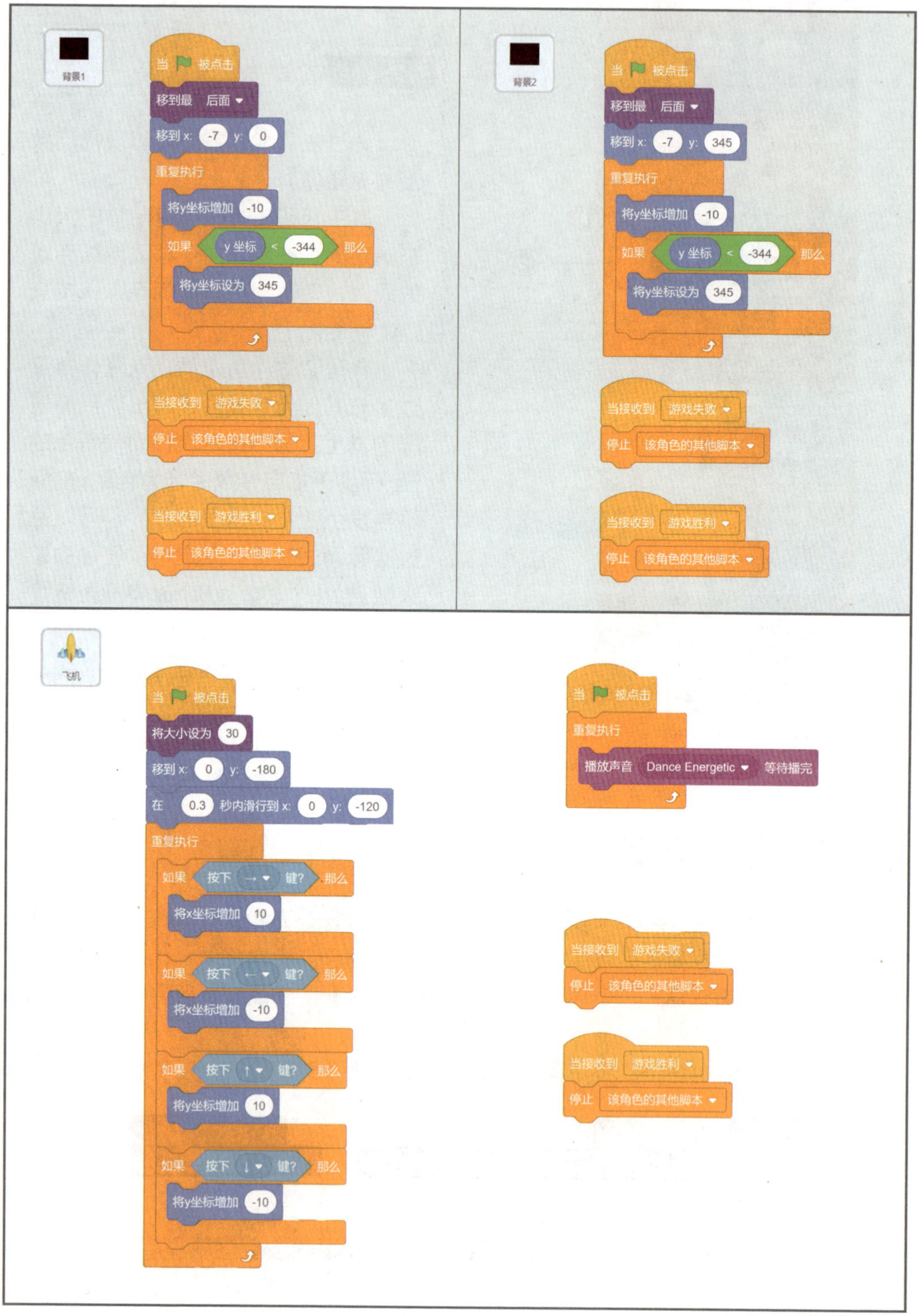

背景1
当 被点击
移到最 后面
移到 x: -7 y: 0
重复执行
将y坐标增加 -10
如果 y 坐标 < -344 那么
将y坐标设为 345
当接收到 游戏失败
停止 该角色的其他脚本
当接收到 游戏胜利
停止 该角色的其他脚本
背景2
当 被点击
移到最 后面
移到 x: -7 y: 345
重复执行
将y坐标增加 -10
如果 y 坐标 < -344 那么
将y坐标设为 345
当接收到 游戏失败
停止 该角色的其他脚本
当接收到 游戏胜利
停止 该角色的其他脚本
飞机
当 被点击
将大小设为 30
移到 x: 0 y: -180
在 0.3 秒内滑行到 x: 0 y: -120
重复执行
如果 按下 → 键? 那么
将x坐标增加 10
如果 按下 ← 键? 那么
将x坐标增加 -10
如果 按下 ↑ 键? 那么
将y坐标增加 10
如果 按下 ↓ 键? 那么
将y坐标增加 -10
当 被点击
重复执行
播放声音 Dance Energetic 等待播完
当接收到 游戏失败
停止 该角色的其他脚本
当接收到 游戏胜利
停止 该角色的其他脚本

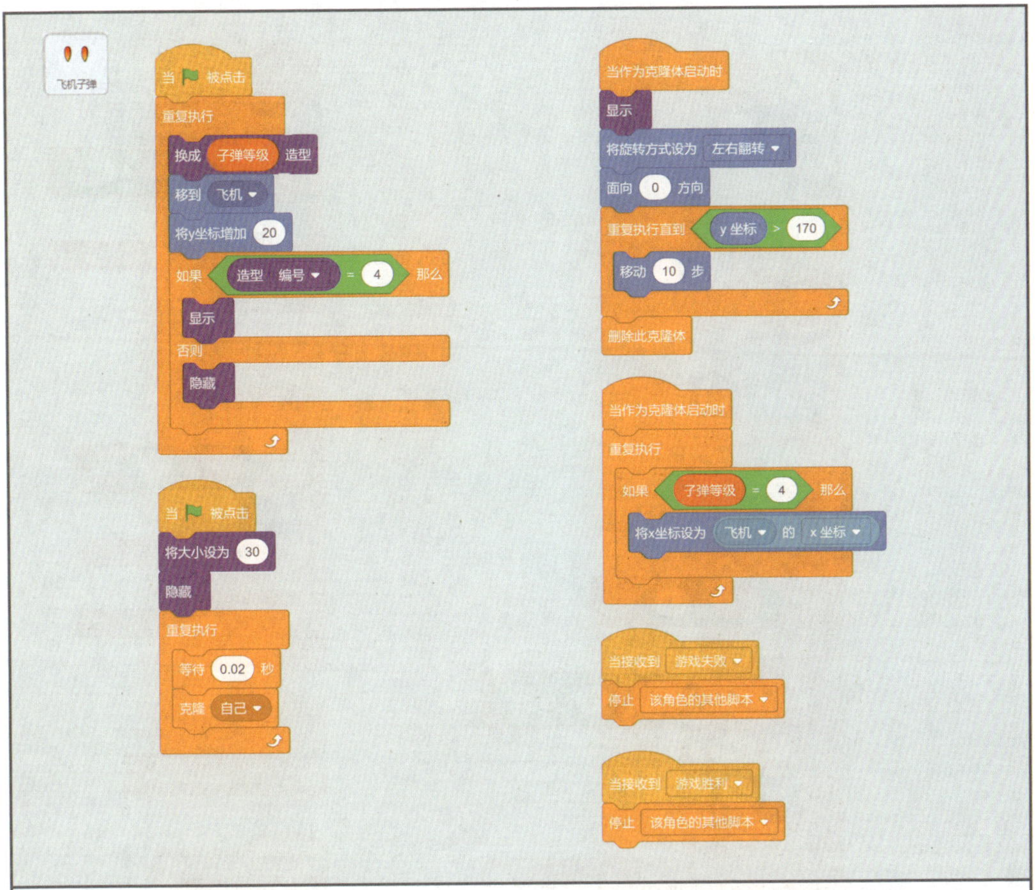
飞机子弹
当 被点击
重复执行
换成 子弹等级 造型
移到 飞机
将y坐标增加 20
如果 造型 编号 = 4 那么
显示
否则
隐藏
当 被点击
将大小设为 30
隐藏
重复执行
等待 0.02 秒
克隆 自己
当作为克隆体启动时
显示
将旋转方式设为 左右翻转
面向 0 方向
重复执行直到 y 坐标 > 170
移动 10 步
删除此克隆体
当作为克隆体启动时
重复执行
如果 子弹等级 = 4 那么
将x坐标设为 飞机 的 x 坐标
当接收到 游戏失败
停止 该角色的其他脚本
当接收到 游戏胜利
停止 该角色的其他脚本

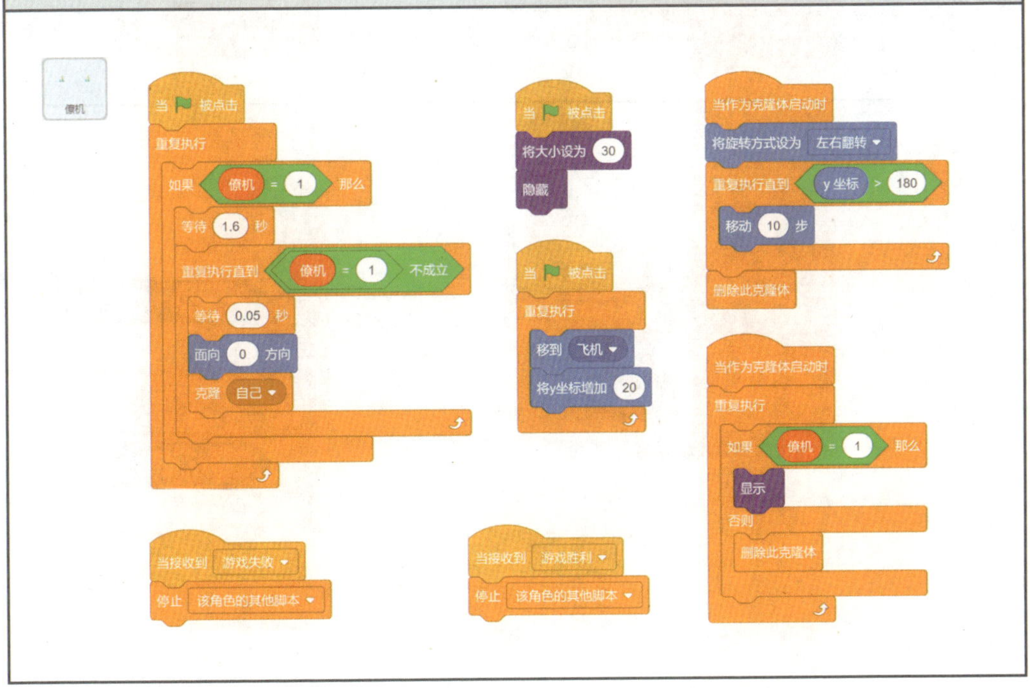
僚机
当 被点击
重复执行
如果 僚机 = 1 那么
等待 1.6 秒
重复执行直到 僚机 = 1 不成立
等待 0.05 秒
面向 0 方向
克隆 自己
当 被点击
将大小设为 30
隐藏
当 被点击
重复执行
移到 飞机
将y坐标增加 20
当作为克隆体启动时
将旋转方式设为 左右翻转
重复执行直到 y 坐标 > 180
移动 10 步
删除此克隆体
当作为克隆体启动时
重复执行
如果 僚机 = 1 那么
显示
否则
删除此克隆体
当接收到 游戏失败
停止 该角色的其他脚本
当接收到 游戏胜利
停止 该角色的其他脚本

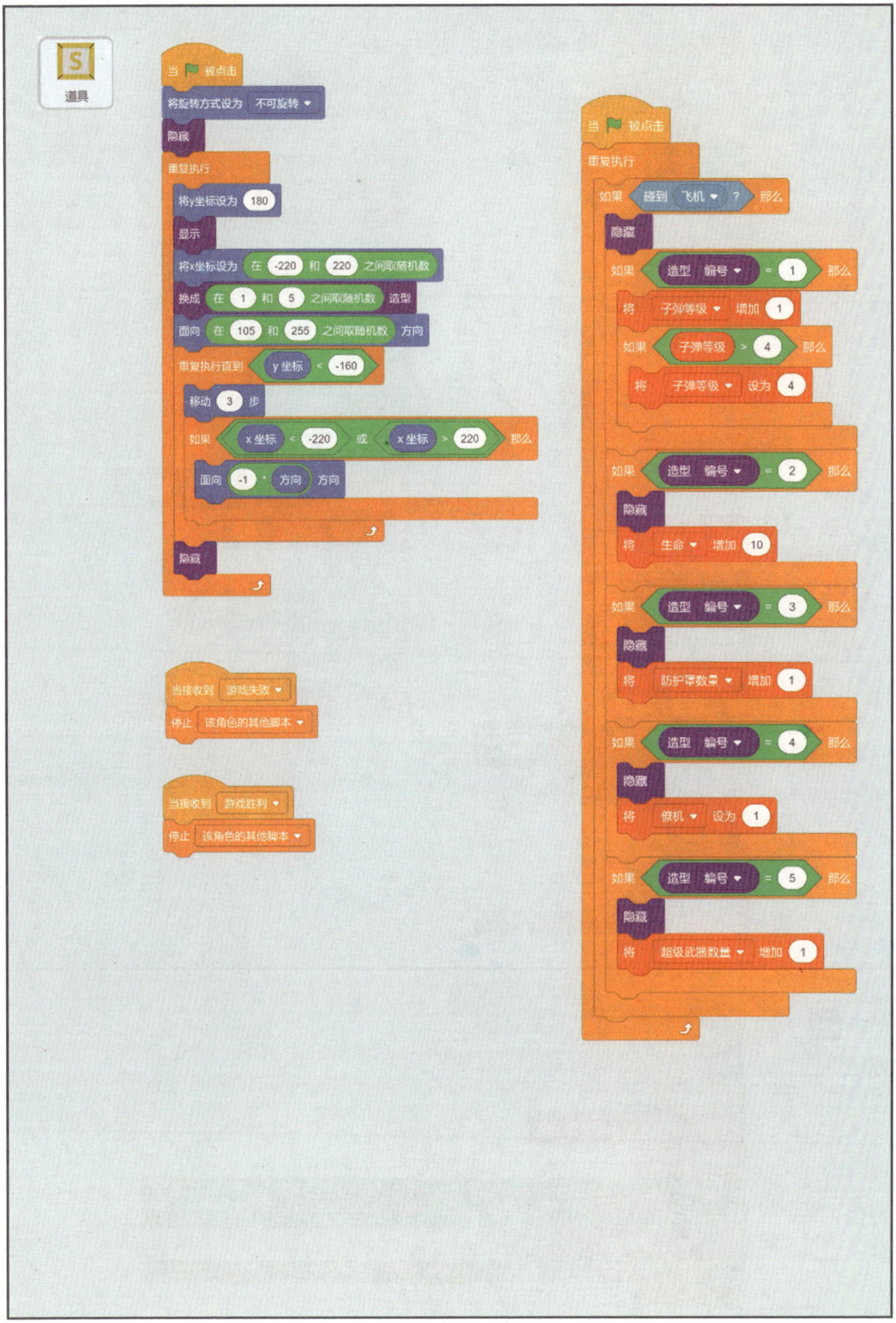
道具
当 被点击
将旋转方式设为 不可旋转
隐藏
重复执行
将y坐标设为 180
显示
将x坐标设为 在 -220 和 220 之间取随机数
换成 在 1 和 5 之间取随机数 造型
面向 在 105 和 255 之间取随机数 方向
重复执行直到 y 坐标 < -160
移动 3 步
如果 x 坐标 < -220 或 x 坐标 > 220 那么
面向 -1 * 方向 方向
隐藏
当接收到 游戏失败
停止 该角色的其他脚本
当接收到 游戏胜利
停止 该角色的其他脚本
当 被点击
重复执行
如果 碰到 飞机 ? 那么
隐藏
如果 造型 编号 = 1 那么
将 子弹等级 增加 1
如果 子弹等级 > 4 那么
将 子弹等级 设为 4
如果 造型 编号 = 2 那么
隐藏
将 生命 增加 10
如果 造型 编号 = 3 那么
隐藏
将 防护罩数量 增加 1
如果 造型 编号 = 4 那么
隐藏
将 僚机 设为 1
如果 造型 编号 = 5 那么
隐藏
将 超级武器数量 增加 1

192 图形化编程实操综合案例

第 4 章 高级作品制作

194 图形化编程实操综合案例

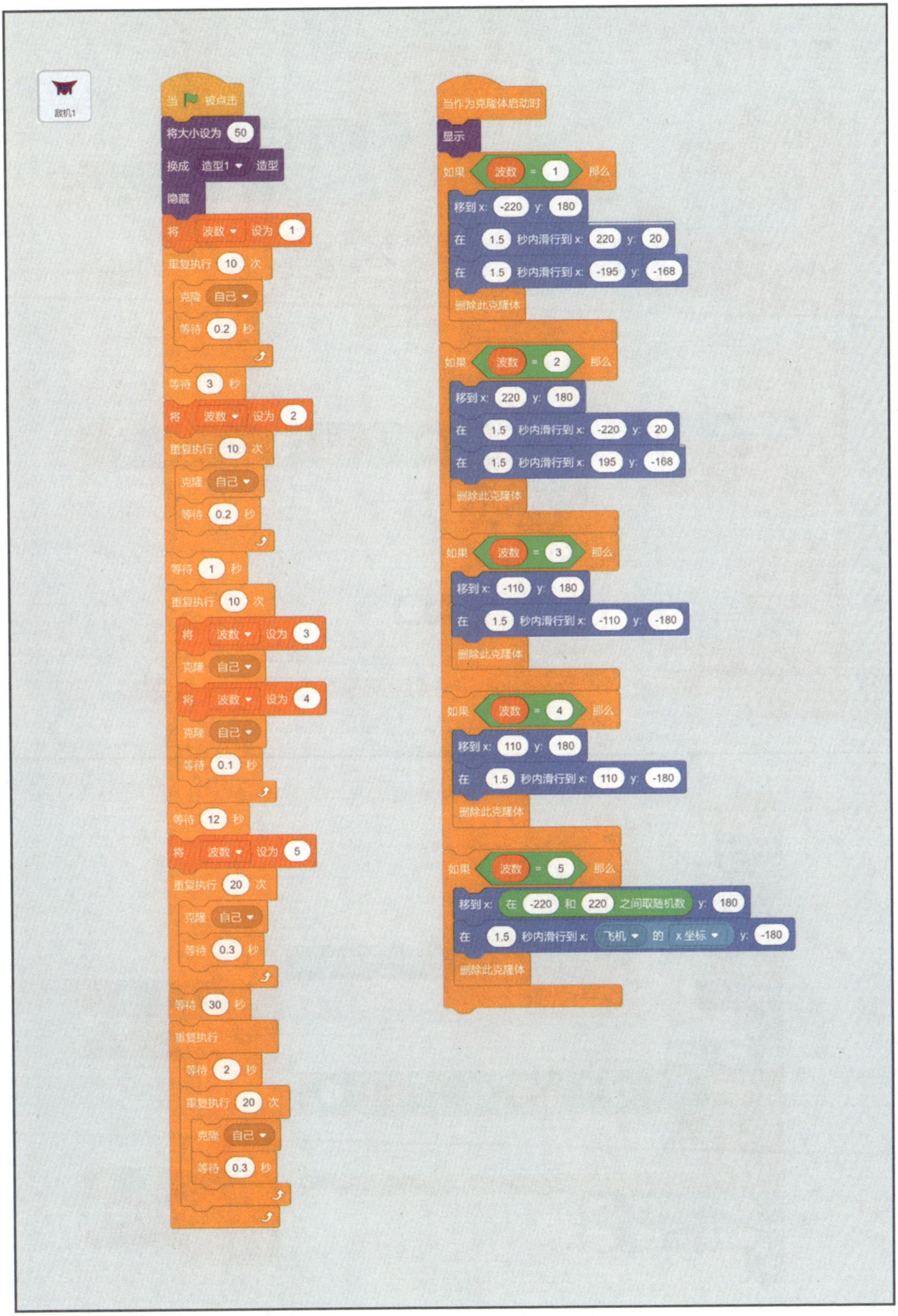
敌机1
当 被点击
将大小设为 50
换成 造型1 造型
隐藏
将 波数 设为 1
重复执行 10 次
克隆 自己
等待 0.2 秒
等待 3 秒
将 波数 设为 2
重复执行 10 次
克隆 自己
等待 0.2 秒
等待 1 秒
重复执行 10 次
将 波数 设为 3
克隆 自己
将 波数 设为 4
克隆 自己
等待 0.1 秒
等待 12 秒
将 波数 设为 5
重复执行 20 次
克隆 自己
等待 0.3 秒
等待 30 秒
重复执行
等待 2 秒
重复执行 20 次
克隆 自己
等待 0.3 秒
当作为克隆体启动时
显示
如果 波数 = 1 那么
移到 x: -220 y: 180
在 1.5 秒内滑行到 x: 220 y: 20
在 1.5 秒内滑行到 x: -195 y: -168
删除此克隆体
如果 波数 = 2 那么
移到 x: 220 y: 180
在 1.5 秒内滑行到 x: -220 y: 20
在 1.5 秒内滑行到 x: 195 y: -168
删除此克隆体
如果 波数 = 3 那么
移到 x: -110 y: 180
在 1.5 秒内滑行到 x: -110 y: -180
删除此克隆体
如果 波数 = 4 那么
移到 x: 110 y: 180
在 1.5 秒内滑行到 x: 110 y: -180
删除此克隆体
如果 波数 = 5 那么
移到 x: 在 -220 和 220 之间取随机数 y: 180
在 1.5 秒内滑行到 x: 飞机 的 x坐标 y: -180
删除此克隆体

第 4 章 高级作品制作

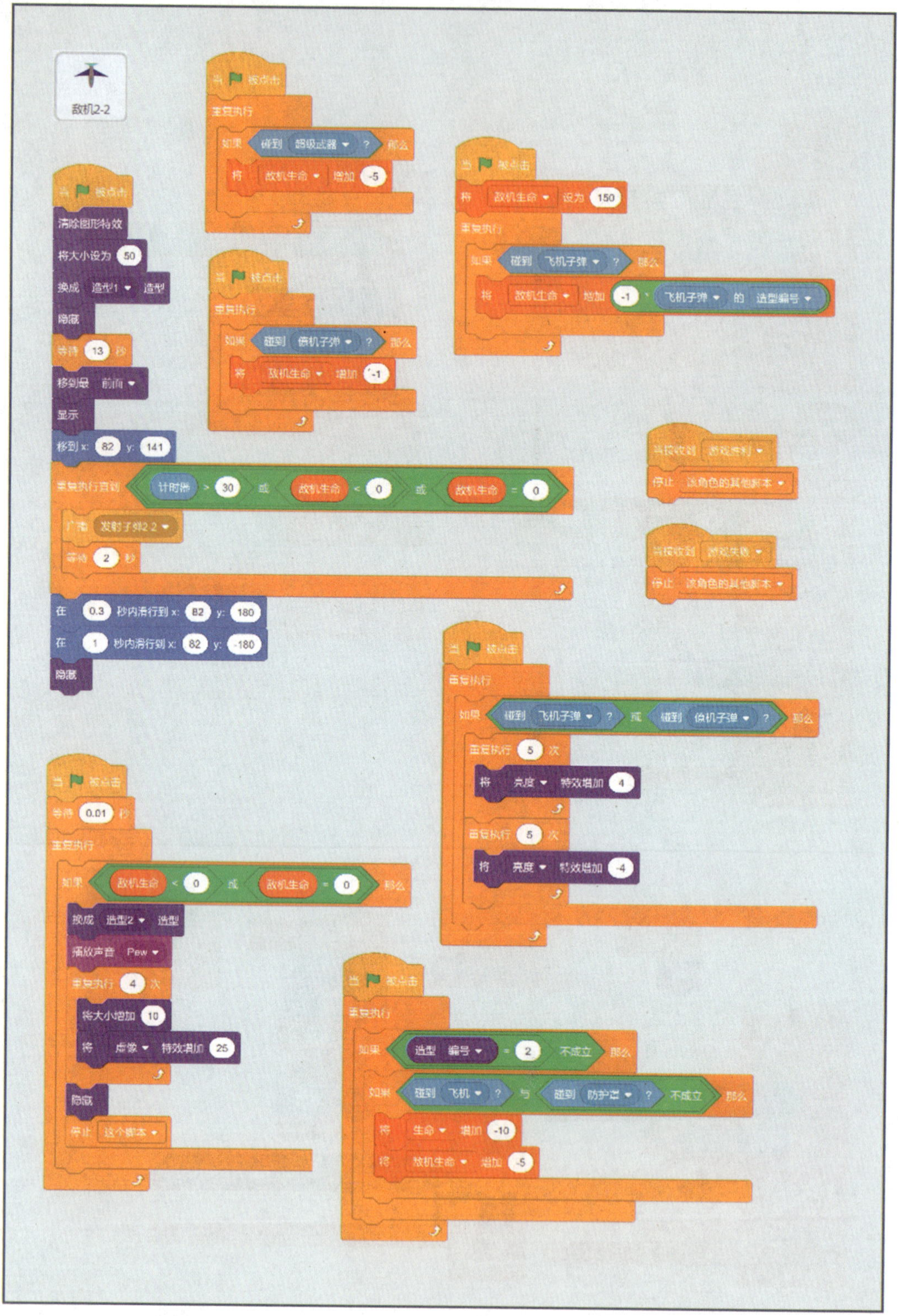
敌机2-2
当 被点击
重复执行
如果 碰到 超级武器 ? 那么
将 敌机生命 增加 -5
当 被点击
清除图形特效
将大小设为 50
换成 造型1 造型
隐藏
等待 13 秒
移到最 前面
显示
移到 x: 82 y: 141
重复执行直到 计时器 > 30 或 敌机生命 < 0 或 敌机生命 = 0
广播 发射子弹2.2
等待 2 秒
在 0.3 秒内滑行到 x: 82 y: 180
在 1 秒内滑行到 x: 82 y: -180
隐藏
当 被点击
重复执行
如果 碰到 僚机子弹 ? 那么
将 敌机生命 增加 -1
当 被点击
将 敌机生命 设为 150
重复执行
如果 碰到 飞机子弹 ? 那么
将 敌机生命 增加 -1 * 飞机子弹 的 造型编号
当接收到 游戏胜利
停止 该角色的其他脚本
当接收到 游戏失败
停止 该角色的其他脚本
当 被点击
重复执行
如果 碰到 飞机子弹 ? 或 碰到 僚机子弹 ? 那么
重复执行 5 次
将 亮度 特效增加 4
重复执行 5 次
将 亮度 特效增加 -4
当 被点击
等待 0.01 秒
重复执行
如果 敌机生命 < 0 或 敌机生命 = 0 那么
换成 造型2 造型
播放声音 Pew
重复执行 4 次
将大小增加 10
将 虚像 特效增加 25
隐藏
停止 这个脚本
当 被点击
重复执行
如果 造型 编号 = 2 不成立 那么
如果 碰到 飞机 ? 与 碰到 防护罩 ? 不成立 那么
将 生命 增加 -10
将 敌机生命 增加 -5

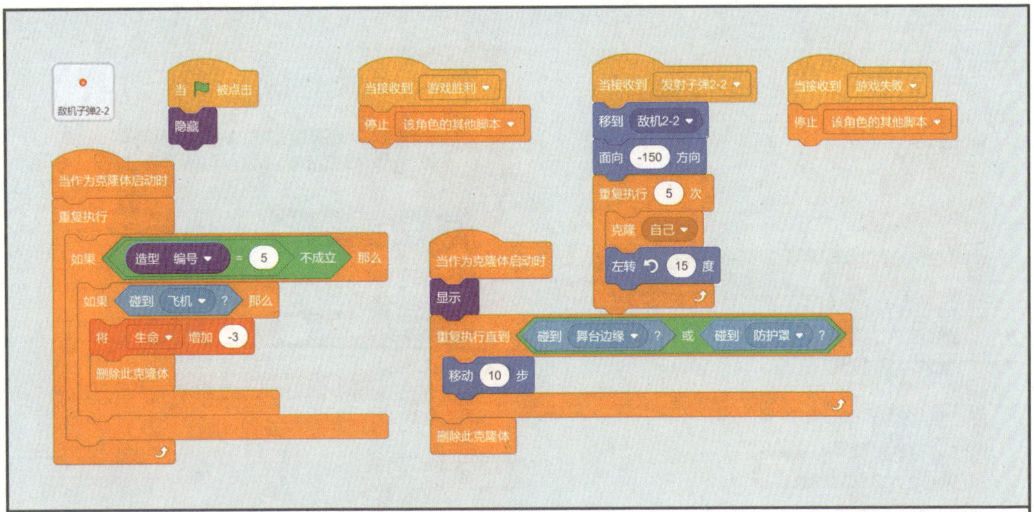

敌机子弹2-2
当 被点击
隐藏
当作为克隆体启动时
重复执行
如果 造型 编号 = 5 不成立 那么
如果 碰到 飞机 ? 那么
将 生命 增加 -3
删除此克隆体
当接收到 游戏胜利
停止 该角色的其他脚本
当作为克隆体启动时
显示
重复执行直到 碰到 舞台边缘 ? 或 碰到 防护罩 ?
移动 10 步
删除此克隆体
当接收到 发射子弹2-2
移到 敌机2-2
面向 -150 方向
重复执行 5 次
克隆 自己
左转 15 度
当接收到 游戏失败
停止 该角色的其他脚本

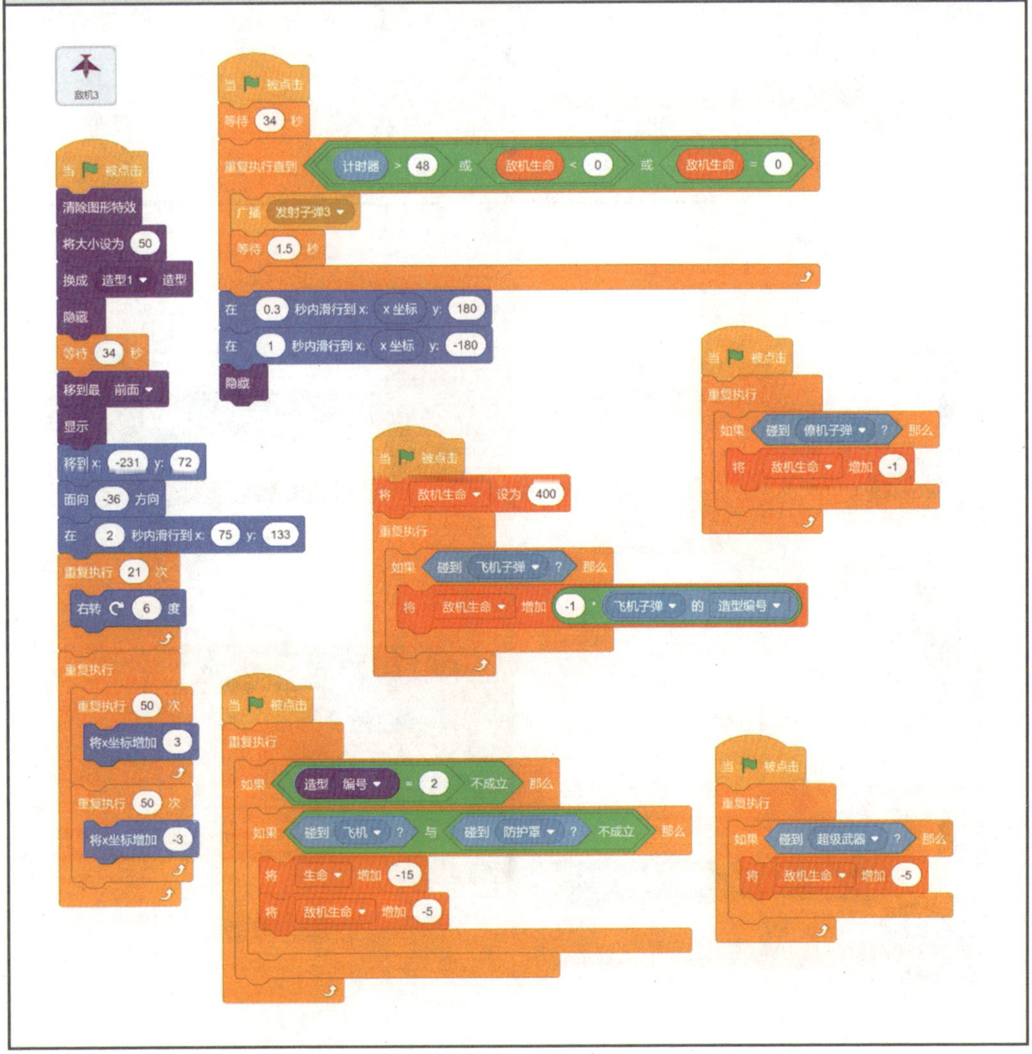

敌机3
当 被点击
清除图形特效
将大小设为 50
换成 造型1 造型
隐藏
等待 34 秒
移到最 前面
显示
移到 x: -231 y: 72
面向 -36 方向
在 2 秒内滑行到 x: 75 y: 133
重复执行 21 次
右转 6 度
重复执行
重复执行 50 次
将x坐标增加 3
重复执行 50 次
将x坐标增加 -3
当 被点击
等待 34 秒
重复执行直到 计时器 > 48 或 敌机生命 < 0 或 敌机生命 = 0
广播 发射子弹3
等待 1.5 秒
在 0.3 秒内滑行到 x: x坐标 y: 180
在 1 秒内滑行到 x: x坐标 y: -180
隐藏
当 被点击
将 敌机生命 设为 400
重复执行
如果 碰到 飞机子弹 ? 那么
将 敌机生命 增加 -1 * 飞机子弹 的 造型编号
当 被点击
重复执行
如果 碰到 僚机子弹 ? 那么
将 敌机生命 增加 -1
当 被点击
重复执行
如果 造型 编号 = 2 不成立 那么
如果 碰到 飞机 ? 与 碰到 防护罩 ? 不成立 那么
将 生命 增加 -15
将 敌机生命 增加 -5
当 被点击
重复执行
如果 碰到 超级武器 ? 那么
将 敌机生命 增加 -5

200　图形化编程实操综合案例

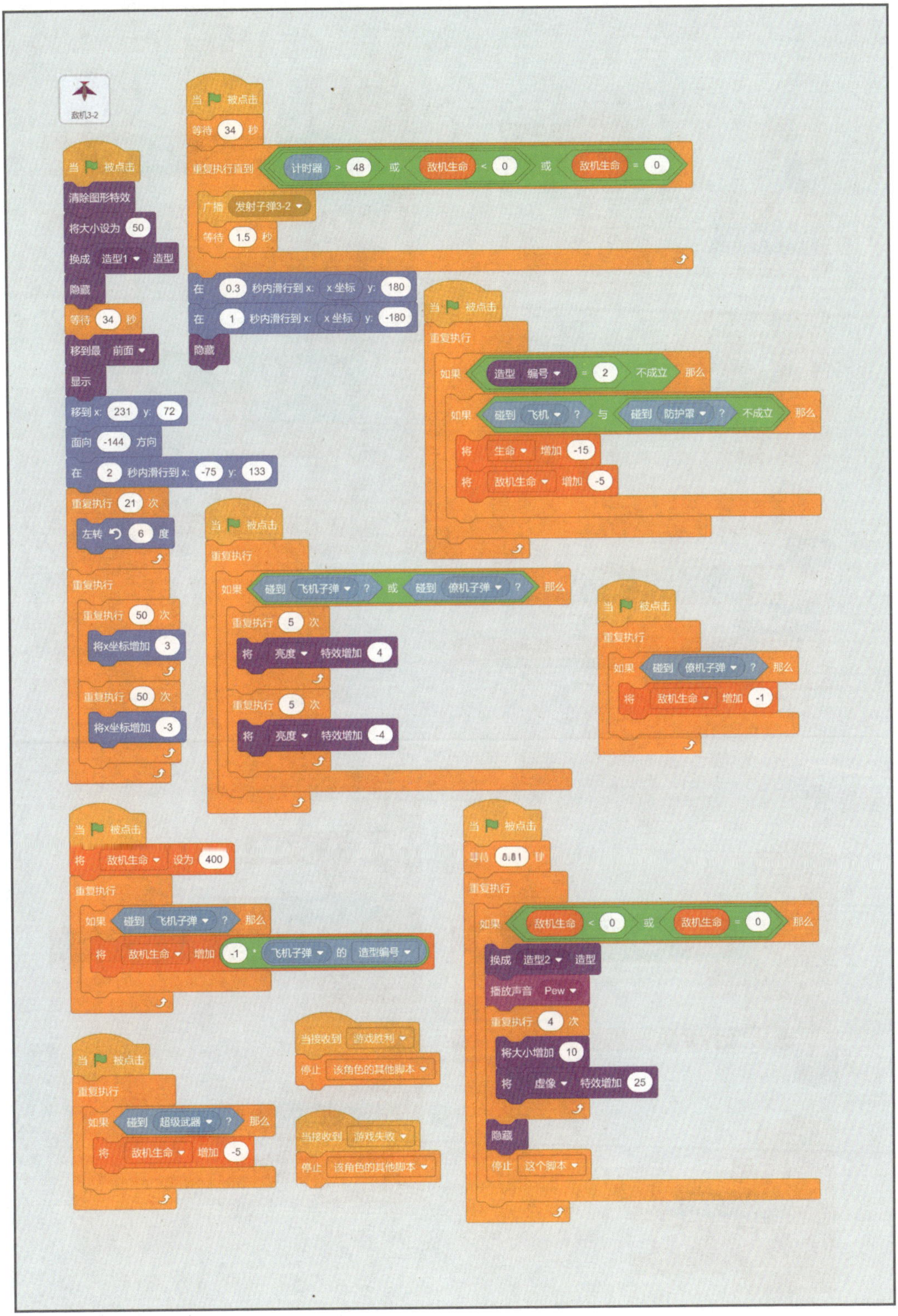
敌机3-2
当 被点击
清除图形特效
将大小设为 50
换成 造型1 造型
隐藏
等待 34 秒
移到最 前面
显示
移到 x: 231 y: 72
面向 -144 方向
在 2 秒内滑行到 x: -75 y: 133
重复执行 21 次
左转 6 度
重复执行
重复执行 50 次
将x坐标增加 3
重复执行 50 次
将x坐标增加 -3
当 被点击
等待 34 秒
重复执行直到 计时器 > 48 或 敌机生命 < 0 或 敌机生命 = 0
广播 发射子弹3-2
等待 1.5 秒
在 0.3 秒内滑行到 x: x 坐标 y: 180
在 1 秒内滑行到 x: x 坐标 y: -180
隐藏
当 被点击
重复执行
如果 造型 编号 = 2 不成立 那么
如果 碰到 飞机 ? 与 碰到 防护罩 ? 不成立 那么
将 生命 增加 -15
将 敌机生命 增加 -5
当 被点击
重复执行
如果 碰到 飞机子弹 ? 或 碰到 僚机子弹 ? 那么
重复执行 5 次
将 亮度 特效增加 4
重复执行 5 次
将 亮度 特效增加 -4
当 被点击
重复执行
如果 碰到 僚机子弹 ? 那么
将 敌机生命 增加 -1
当 被点击
将 敌机生命 设为 400
重复执行
如果 碰到 飞机子弹 ? 那么
将 敌机生命 增加 -1 * 飞机子弹 的 造型编号
当 被点击
等待 0.01 秒
重复执行
如果 敌机生命 < 0 或 敌机生命 = 0 那么
换成 造型2 造型
播放声音 Pew
重复执行 4 次
将大小增加 10
将 虚像 特效增加 25
隐藏
停止 这个脚本
当接收到 游戏胜利
停止 该角色的其他脚本
当接收到 游戏失败
停止 该角色的其他脚本
当 被点击
重复执行
如果 碰到 超级武器 ? 那么
将 敌机生命 增加 -5

图形化编程实操综合案例

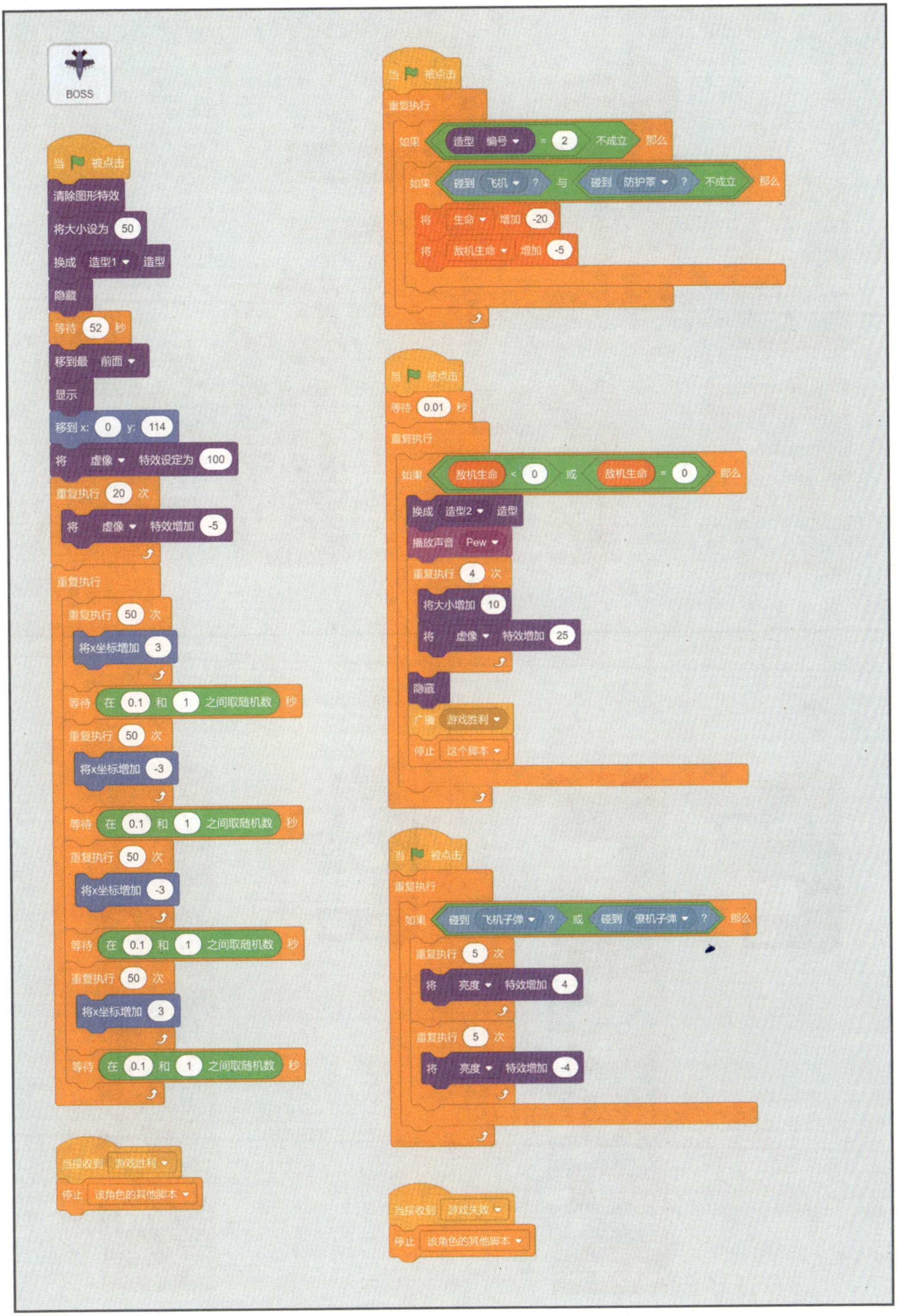
BOSS
当 被点击
清除图形特效
将大小设为 50
换成 造型1 造型
隐藏
等待 52 秒
移到最 前面
显示
移到x: 0 y: 114
将 虚像 特效设定为 100
重复执行 20 次
将 虚像 特效增加 -5
重复执行
重复执行 50 次
将x坐标增加 3
等待 在 0.1 和 1 之间取随机数 秒
重复执行 50 次
将x坐标增加 -3
等待 在 0.1 和 1 之间取随机数 秒
重复执行 50 次
将x坐标增加 -3
等待 在 0.1 和 1 之间取随机数 秒
重复执行 50 次
将x坐标增加 3
等待 在 0.1 和 1 之间取随机数 秒
当接收到 游戏胜利
停止 该角色的其他脚本
当 被点击
重复执行
如果 造型 编号 = 2 不成立 那么
如果 碰到 飞机 ? 与 碰到 防护罩 ? 不成立 那么
将 生命 增加 -20
将 敌机生命 增加 -5
当 被点击
等待 0.01 秒
重复执行
如果 敌机生命 < 0 或 敌机生命 = 0 那么
换成 造型2 造型
播放声音 Pew
重复执行 4 次
将大小增加 10
将 虚像 特效增加 25
隐藏
广播 游戏胜利
停止 这个脚本
当 被点击
重复执行
如果 碰到 飞机子弹 ? 或 碰到 僚机子弹 ? 那么
重复执行 5 次
将 亮度 特效增加 4
重复执行 5 次
将 亮度 特效增加 -4
当接收到 游戏失败
停止 该角色的其他脚本

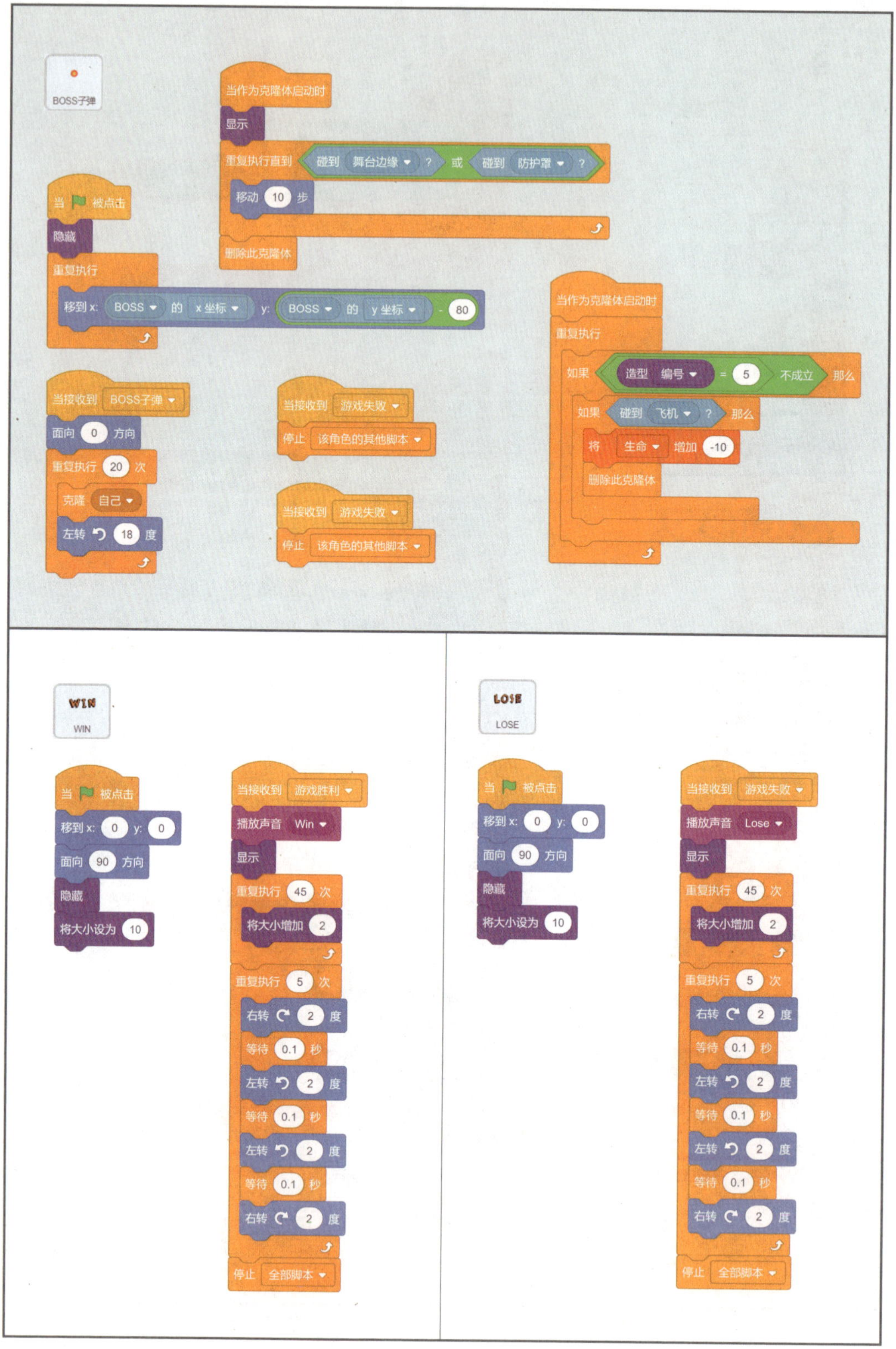
BOSS子弹
当作为克隆体启动时
显示
重复执行直到 碰到 舞台边缘 ? 或 碰到 防护罩 ?
移动 10 步
删除此克隆体
当 被点击
隐藏
重复执行
移到 x: BOSS 的 x 坐标 y: BOSS 的 y 坐标 - 80
当接收到 BOSS子弹
面向 0 方向
重复执行 20 次
克隆 自己
左转 18 度
当接收到 游戏失败
停止 该角色的其他脚本
当接收到 游戏失败
停止 该角色的其他脚本
当作为克隆体启动时
重复执行
如果 造型 编号 = 5 不成立 那么
如果 碰到 飞机 ? 那么
将 生命 增加 -10
删除此克隆体
WIN
WIN
当 被点击
移到 x: 0 y: 0
面向 90 方向
隐藏
将大小设为 10
当接收到 游戏胜利
播放声音 Win
显示
重复执行 45 次
将大小增加 2
重复执行 5 次
右转 2 度
等待 0.1 秒
左转 2 度
等待 0.1 秒
左转 2 度
等待 0.1 秒
右转 2 度
停止 全部脚本
LOSE
LOSE
当 被点击
移到 x: 0 y: 0
面向 90 方向
隐藏
将大小设为 10
当接收到 游戏失败
播放声音 Lose
显示
重复执行 45 次
将大小增加 2
重复执行 5 次
右转 2 度
等待 0.1 秒
左转 2 度
等待 0.1 秒
左转 2 度
等待 0.1 秒
右转 2 度
停止 全部脚本

4.2 迷你赛车

1. 学习目标

（1）掌握作品的设计思路和功能的实现方法；
（2）能够根据作品需求熟练绘制造型与背景；
（3）使作品具有较为精美的系统界面与菜单功能；
（4）能够设计较为复杂的算法完成作品。

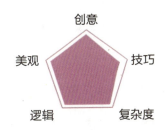

2. 作品介绍及分析

本作品是一款赛车游戏。不是在点击小绿旗之后直接开始赛车游戏，而是通过动画先进入一个菜单界面。在这个界面中玩家可以设置音量、查看玩法、选择赛车以及比赛模式等，使作品具有更多层次。用同样的方法甚至可以将多个作品通过选项按钮融入同一个作品中。

作品的界面如上图所示，在首页可以通过设置按钮进行音量开关与大小的设定，通过玩法介绍按钮查看游戏的操作方法，通过车辆选择按钮选择在游戏中使用的赛车。这里设置了3种赛车可供选择，分别是红色、蓝色和黄色，适用于不同特点的赛道，其中红色车辆性能均衡，速度和转向均具有良好表现；蓝色车辆速度更优，转向则稍差；黄色车与之相反，转向更灵活，但速度稍差。

通过左侧的选项可以进入不同的比赛模式，开始比赛之前还可以进行难度及赛道的选择。

本作品中有大量需要自行绘制的角色，以及区别于其他作品的菜单界面。这个作品分为3大板块：一是菜单界面效果及功能实现，包含启动作品后的动画效果、各个按钮的选择效果以及对应按钮功能的实现；二是比赛模式———障碍赛，玩家需要操控车辆收集钻石，在过程中需要躲避路上的石块，在不同难度下，速度和需要收集的钻石数量均有不同；三是比赛模式二——场地赛/训练场，场地赛与训练场模式相同，区别是在训练场中没有时间的限制，可以用于熟悉车辆和操作方式，而场地赛中，玩家需要操控赛车在30 s内完成一圈比赛即可获得胜利，否则失败。

这是一个综合作品，除了要独立完成好各个部分的内容外，还要注意程序各部分间的衔接与整体效果。

3. 角色/背景分析

角色	造型数量	声音	背景
迷	2个	—	
你	2个	—	
赛	2个	—	1. 首页菜单背景
车	2个	—	
选择车辆	3个	Car Vroom（汽车轰鸣）	
开场背景	1个	—	
菜单页标识	3个	—	2. 难度选择菜单背景
障碍赛按钮	1个	—	
场地赛按钮	1个	—	
训练场按钮	1个	—	3. 赛道选择背景
车辆选择按钮	1个	—	
玩法介绍按钮	1个	—	
设置按钮	1个	—	4. 障碍赛背景
返回按钮	4个	—	
菜单背景1	1个	—	
菜单背景2	2个	—	
提示文字	5个	—	5. 场地赛背景
声音开关	2个	—	
音量滑杆	1个	Odesong（颂歌）	
音量按钮	1个	—	6. 训练场背景
难度选择按钮	3个	—	
赛道选择按钮	6个	—	

续表

角　色	造型数量	声　音	背　景
指示灯	6个	Toy Honk（玩具喇叭）	
障碍赛赛车	3个	—	
障碍赛赛道1	1个	—	
障碍赛赛道2	1个	—	
场地赛赛车	9个	—	
场地赛赛道	8个	—	
信息提示框	2个	—	
Rocks（石块）	1个	—	
Crystal（钻石）	1个	Coin（硬币）	
WIN（胜利）	1个	Win	
LOSE（失败）	1个	Lose	

4. 作品框架图

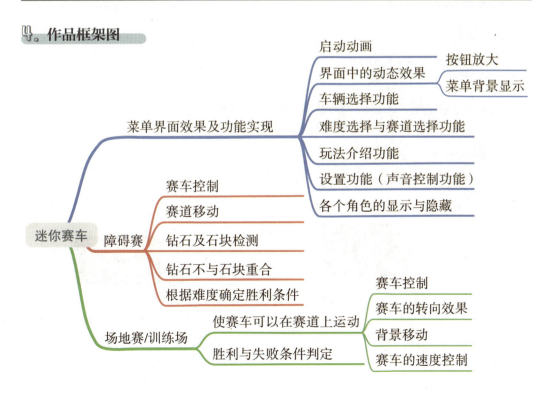

5. 变量列表分析

按钮	记录当前所选择的按钮与界面状态，控制各个角色的出现与消失。
选择车辆	记录当前所选择的车辆，根据该参数确定在比赛中使用车辆的造型与性能。
速度	存储当前车辆的速度参数。
转向	存储当前车辆的转向参数。
障碍赛难度	记录当前所选择的障碍赛难度。
选择赛道	记录当前所选择的赛道编号。
得分	记录在障碍赛中的得分情况，判定比赛的胜利。
赛车的x坐标增量	记录在场地赛中赛车运动距离的x坐标改变量。
赛车的y坐标增量	记录在场地赛中赛车运动距离的y坐标改变量。
赛车的x坐标	表示在当前坐标系中赛道所处位置的x坐标。
赛车的y坐标	表示在当前坐标系中赛道所处位置的y坐标。
时间	记录在场地赛中所剩余的时间。
场地赛胜利	记录当前场地赛胜利情况，"0"表示正在比赛中，"否"表示比赛失败，"是"表示比赛胜利。
检测	检测在场地比赛过程中赛车是否按照赛道完成比赛。
障碍物位置	记录障碍赛中钻石及石块的出现位置。

6. 要点解析

要点一：角色与背景的绘制

本作品中绘制了大量的角色与背景，为了帮助大家更好地完成作品，下面将重点讲解几个复杂角色的绘制，其余角色展示其绘制参数。

赛车的绘制：

（1）绘制一个长方形，填充方式为左右渐变填充，颜色参数为"0，47，100""0，100，73"，边框为黑色，粗细为3。

（2）使用变形工具标记长方形各边上距离顶点等距的两个点。

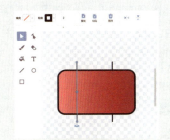

(3)删除长方形的4个顶点。

(4)绘制两条黑色线段,作为赛车的车轴,粗细为2。

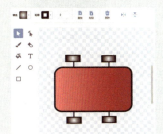

(5)绘制一个长方形作为赛车的车轮,填充方式为中心渐变填充,颜色为白色与黑色,轮廓为黑色,粗细为2。

(6)将车轮复制为4个,分别放置在对应的位置。

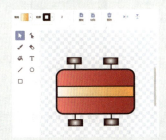

(7)为赛车添加装饰,绘制一个长方形,填充方式为左右渐变填充,颜色为白色与参数"11,100,100",轮廓为黑色,粗细为2。

(8)为赛车添加宽度不同的白色长方形作为装饰。

车体填充方式为左右渐变填充,颜色参数为"56,47,100""61,100,73",其余部分与红色造型相同。

车体填充方式为左右渐变填充,颜色参数为"17,47,100""13,100,85",其余部分与红色造型相同。

上述赛车的造型绘制可以应用于"选择车辆""障碍赛赛车""场地赛赛车"等角色。在"场地赛赛车"角色中,可以调整车轮角度为车辆设定转向造型。

障碍赛赛道的绘制:

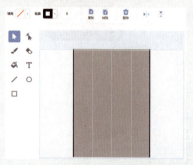

(1)绘制一个长方形,填充颜色参数为"0,0,65",无轮廓。

(2)在长方形左右两边绘制两条黑色线段,粗细为5;在长方形中间绘制3条白色竖线,粗细为1,将长方形等分为4份。

(3)在上图所示位置绘制一条白色竖线,粗细为5。

(4)先用选择工具选中刚刚绘制的白色竖线,然后使用橡皮擦工具将其擦除为数段。

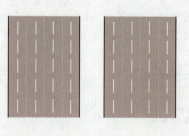

(5)将白色线段再复制3份,分别放置于各条赛道的中心。

(6)障碍赛赛道1与赛道2造型相同,将绘制好的赛道复制即可。

场地赛赛道的绘制：

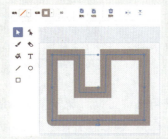

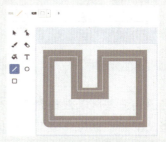

（1）使用线段工具绘制赛道主体，使其联结成为一个闭合的图形，轮廓颜色参数为"0, 0, 65"，粗细为90。

（2）使用白色线段在赛道中央画出白色标线，粗细为3。

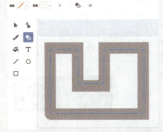

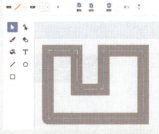

（3）选中白色标线，使用橡皮擦工具进行擦除，使其分为拐角处的折线与直线两种。

（4）使用鼠标及方向按键进行微调，使标线处于赛道中央位置。

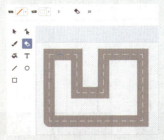

（5）选中直线标线，使用橡皮擦工具对其进行擦除，以呈现上图效果。

（6）新建一个造型，绘制8组黑白相间的方块，将其组合在一起，放置到赛道造型中缩小至赛道宽度，作为起点。

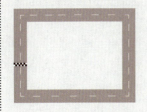
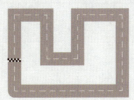
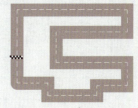

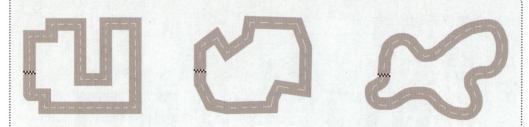

赛道的造型可以根据需求进行绘制，灵活使用各种工具。需要注意的是，赛道的起点位置要保持在造型中的同一位置，这样在每次通过切换造型改变赛道时都能使赛车出现在起点。

指示灯的绘制：

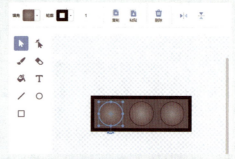

（1）绘制一个长方形，填充颜色参数为"0，6，36"，轮廓为黑色，粗细为12。

（2）绘制一个圆形，填充方式为中心渐变填充，颜色参数为"0，0，58""0，17，41"，轮廓为黑色，粗细为1，将其复制两个，等距离排放。

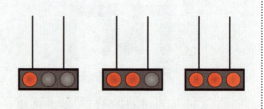

（3）绘制两条黑色竖线，粗细为7。

（4）再复制出两个造型，更改圆形的填充方式为中心渐变填充，颜色参数为"0，100，75""0，100，92"。

其他角色背景的绘制：

标题文字（迷你赛车）：

造型1：编辑好文本内容后，使用选择工具，调整文字填充方式为上下渐变填充，颜色参数为"54，47，78"和白色；轮廓颜色参数为"50，54，69"，粗细为0.5。

造型2：复制造型1，修改填充颜色参数为"0，94，90""11，98，100"，轮廓为上下渐变填充，颜色为黑色和透明。

主菜单按钮（障碍赛按钮、场地赛按钮、训练场按钮、车辆选择按钮、玩法介绍按钮、设置按钮、返回按钮）：

这些按钮角色绘制方式相同，首先需要绘制一个左右渐变填充的长方形，颜色参数为"9，100，100""0，56，100"，轮廓填充为左右渐变填充，颜色为透明和黑色，粗细为1。文字与标志的主体颜色参数为"52，91，96"。

菜单背景（菜单背景1、菜单背景2）：

菜单背景1：首先绘制一个矩形，通过变形工具将其变为圆角矩形（类似于赛车车身的绘制）。填充颜色参数为"55，70，98"，轮廓颜色参数为"57，100，73"，粗细为1。

菜单背景2造型1：复制菜单背景1造型，调整为合适大小。修改填充颜色参数为"47，70，100"，轮廓颜色参数为"49，100，75"。

菜单背景2造型2：复制造型1，修改填充颜色参数为"16，48，100"，轮廓颜色参数为"14，100，83"。

提示文字：

这个角色中的5个造型包含了在作品各处需要出现的提示文字，造型1对应声音设置，造型2对应赛道选择界面，造型3对应难度选择界面，造型4对应车辆选择界面，造型5对应玩法介绍界面。根据需要显示的内容输入文本和调整颜色即可。为了减少代码的复杂度，可以在造型中直接确定各个文字的显示位置。

开场背景角色与各个背景的绘制方式类似,大部分采用中心渐变填充,使用填充工具调整中心位置于右上角。下面给出各个背景的颜色参数。

背景	填充方式	颜色	轮廓颜色	轮廓粗细
开场背景	中心渐变	"0,0,93",黑色	—	—
首页菜单背景	中心渐变	"0,0,96" "52,91,96"	—	—
难度选择菜单背景	中心渐变	"19,49,100" "52,91,96"	—	—
赛道选择背景	中心渐变	"43,60,96" "52,91,96"	—	—
障碍赛背景	纯色	"19,49,100"	—	—
场地赛背景	纯色	"41,74,100"	—	—
训练场背景	纯色	"31,37,91"	—	—

要点二:启动动画的设计与代码

区别于之前的作品,本作品在运行后没有直接显示主体内容部分,而是运行后先播放一段过渡动画。下图是开场动画的分解过程。

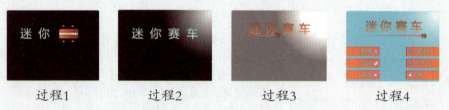

过程1　　　　过程2　　　　过程3　　　　过程4

可以将动画部分分为3个过程。

过程1:全黑背景下赛车从屏幕上向右驶去,在行驶的轨迹上依次出现"迷你赛车"4个字。

过程2:4个字完全显示,小车从屏幕上消失。背景右上角发出光芒。

过程3:背景变白后显示蓝色背景,同时"迷你赛车"4个字变为造型2并向上运动,开始出现页面装饰和按钮。

其中有一处动画过程并不是很好理解,那就是过程2和过程3中的背景变化。其涉及如何让屏幕角落发光,以及从黑色背景过渡到蓝色背景,这都离不开开场背景这个角色,其实背景在过程中一直没有变化,前3个过程中变化的都是覆盖在背景上层的角色。

"开场背景"角色

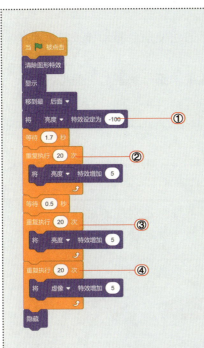

> **要点解析**
>
> 左侧是开场背景角色的相关代码。
> 其中代码①将亮度设为-100,此时角色将为纯黑状态,也就是在过程1中所展示的状态。
> 代码②将亮度逐渐增加至0,便可显示开场背景角色原本的造型,即形成了过程2中的发光效果。
> 代码③将角色的亮度增加至100,此时角色将变为纯白色。与此同时随着代码④角色虚像特效的逐渐增加,角色便会逐渐在舞台上消失,露出原本的背景"首页菜单背景"。

要点三:按钮及菜单背景的动态效果

本作品中的按钮不仅点击时可以实现对应的功能,并且在鼠标放置在上方时还会有逐渐放大的动态效果,包括车辆选择、游戏设置等界面的菜单背景在进入时也会有一个逐渐缩小的显示效果。

增加这些效果可以使作品看起来更加流畅,体验感更好。

这里以按钮为例,讲解如何实现这种效果。

> **要点解析**
>
> 右侧是按钮实现动态效果的相关代码。
> 其中的关键代码就是角色的x坐标增加和大小增加代码。这个方法与上一作品中僚机的效果十分类似,大小增加代码同样可以实现角色由当前大小逐渐变化至组合中第一个参数大小的过程值。
> 同样地,x坐标增加代码即可以使角色由当前x坐标逐渐运动至组合中第一个参数的x坐标位置。
> 通过上述方法,只要确定好将要移动的位置和大小,再配合鼠标检测代码便可以做出按钮的动态效果。

区别于"在……秒内滑行到……",使用上述方法使角色移动和改变大小的速度不是恒定不变的,而是会在过程中不断变小。

按钮是通过位置改变和大小改变形成的动态效果,菜单背景与之类似,是大小改变与虚像特效的改变组合而成的。

要点四:车辆选择、赛道选择、难度选择的实现

要想实现这些功能,离不开变量的帮助。

可以将功能的实现分为两个环节,首先在选择界面点击对应的按钮可以改变指定变量的参数,然后在游戏开始时,根据这些参数来确定使用的车辆、选择的赛道及难度。

在实现上述这些功能时用到了如下变量:

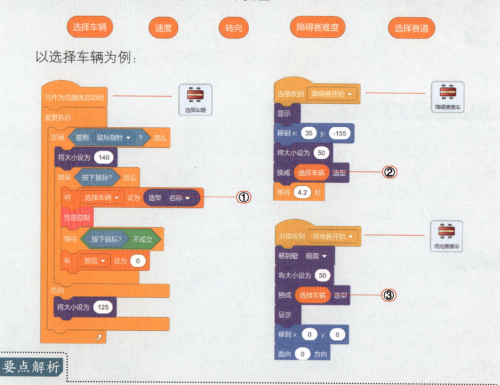

以选择车辆为例:

要点解析

实现指定的功能需要通过变量来进行连接,在选择车辆的代码中,当检测到鼠标的点击时,需要通过代码①将变量存储的信息改变为所选中的信息,即造型名称。

在实现该功能的角色处,需要根据当前变量中存储的信息来进行特定的操作,如代码②和代码③。

要点五：音量控制功能的实现

涉及角色：

声音：

音量：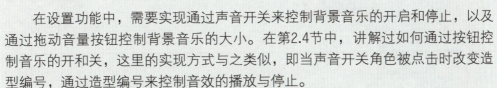

在设置功能中，需要实现通过声音开关来控制背景音乐的开启和停止，以及通过拖动音量按钮控制背景音乐的大小。在第2.4节中，讲解过如何通过按钮控制音乐的开和关，这里的实现方式与之类似，即当声音开关角色被点击时改变造型编号，通过造型编号来控制音效的播放与停止。

不同的是，在这个作品中，多个角色都需要播放音效，如果使用"停止所有声音"积木，将使其他角色的声音无法正常播放。所以转换一下思路，通过将播放背景音乐角色的音量设为0的方式，使声音消失。也就是说，在作品运行过程中，背景音乐一直处于播放状态，当关闭背景音乐时，将音量设为0即可。

要点解析

通过上述代码，将音量调节与开关功能统一在一起。这样在背景音乐关闭的状态下（背景音乐音量为0），不影响其他角色的音效播放。

音量控制是通过代码①完成的。音量的大小是由"音量按钮"角色所处的音量滑杆的相对位置来决定的。

通过测试（可使用另一角色测试），可以得到音量滑杆最左端的 x 坐标为-104，最右端的 x 坐标为26。所以音量滑杆的长度就是(26-(-104))，而音量按钮在滑杆上的位置可以通过（"音量按钮的 x 坐标"-(-104)）得到按钮距离滑杆最左端的距离。因此， 即可表示音量按钮位于音量滑杆位置的百分比。因为音量控制积木本身就是按百分比进行计算的，所以最后将这个代码乘以100，便可以得到百分比的整数部分，将其与音量控制积木组合在一起便可以实现根据按钮位置来决定音量的功能了。

与此同时，还需要设置音量按钮角色，可以通过鼠标拖动，并且只能在滑杆上运动，不允许到达其他位置。

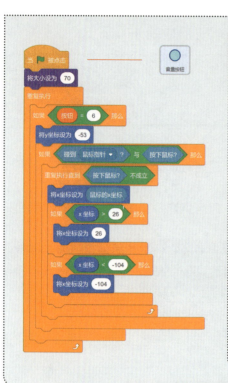

> **要点解析**
>
> 左侧是实现音量按钮移动功能的代码。
>
> 因为音量滑杆是一条水平的线段，即在这条线段上运动，角色的y坐标不会发生变化，所以首先将角色的y坐标设为固定数值"-53"。
>
> 接下来，当角色检测到鼠标的点击后，需要在鼠标松开前跟随鼠标的x坐标运动。
>
> 与此同时，还需要对拖动过程中音量按钮角色的移动范围加以限制。当向右移动超过音量滑杆最右端（x坐标为26）时，使其x坐标不能再继续改变，将x坐标设为固定数值"26"。向左移动的限制同理。

要点六：各个角色的显示与消失、背景控制

本作品中涉及多个页面的切换，在不同页面中所需展示的角色与背景各不相同，这就需要做好各个角色和背景显示与消失的控制。

首先需要设计好各个界面需要出现的角色及背景。

界面	开场动画	主菜单	障碍赛菜单	场地赛菜单	训练场游戏	车辆选择菜单	玩法介绍界面	设置菜单	障碍赛游戏	场地赛游戏
背景	首页菜单背景	首页菜单背景	难度选择菜单背景	赛道选择背景	训练场背景	首页菜单背景	首页菜单背景	首页菜单背景	障碍赛背景	场地赛背景
角色										
变量按钮	0	1	2	3	4	5	6	7	8	

上页表中给出了各个界面中将会显示的角色、背景元素，未列出的即表示在该界面为隐藏状态。

在表格的最后给出了各个界面和变量"按钮"的对应关系，需要在各个界面切换按钮处添加如下代码，使变量按钮可以根据页面变换的需要进行变化：

当各个按钮被点击后可以变为指定的变量，根据当前变量的信息决定需要显示和隐藏的角色和背景。某些功能只有在指定界面才能够触发，也可以使用这种方式，使用变量标记页面，如音量开关按钮等。

下面展示部分角色的显示、隐藏状态控制参考代码：

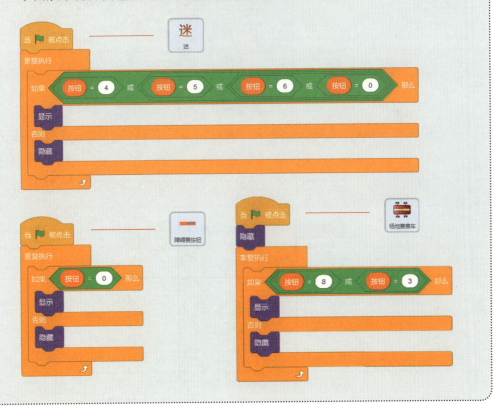

要点七：障碍赛游戏制作

要想完成障碍赛游戏的制作，需要关注以下几点：
（1）赛车的运动控制（即按下方向键朝指定方向移动）——3.6要点二；
（2）赛道的移动（在游戏过程中赛道不断向下运动）——4.1要点二；
（3）钻石与石块的侦测，并且根据结果进行加分或停止游戏——2.8要点三；
（4）避免钻石与石块的出现以及避免出现在同一位置的情况；
（5）根据障碍赛菜单中选择的游戏难度确定赛道速度与胜利条件——4.2要点四。

其余内容前文已经进行过讲解，不再赘述。下面重点分析第（4）点的代码编写。

钻石与石块以与赛道相同的速度向下运动，看上去就形成了在移动的赛道上出现障碍物的结果。显然这里同样使用了克隆，赛道上出现并下落的全部都为克隆体。但与之前作品中角色下落不同的是，在这个作品中，需要让角色在指定的位置下落，而非屏幕上随机的位置。

图中4个箭头所指的位置应为角色下落的位置，为了让角色可以在这4个指定的位置随机出现并下落，需要先获取指定位置的坐标信息。经过测试，可以得到4个位置的x坐标分别为"-97，-33，33，97"。接下来，需要借助列表的帮助，将位置信息存入"障碍物位置"的列表中。

参考代码：

要点解析

列表"障碍物位置"中有4项已设定的参数，通过变量模块中的代码可以实现读取列表中指定项数的内容，通过和随机数变量的结合，可以实现在指定的4个x坐标中随机取数的功能，将其与"将x坐标设为"组合便可使角色移动到随机指定的x坐标位置，即代码①。

因为钻石和石块可能会出现x坐标位置相同导致重合，所以通过代码②检测重合情况，将重合的钻石删除即可避免重叠情况的出现。

要点八：场地赛中的运动控制

在场地赛中，赛车可以在赛道上行驶，而赛道的整体大小远远超过了舞台。如何能够让角色在超过舞台大小的地图上运动，是这个部分的重点。

先来观察一下赛车在赛道中行驶的情况。

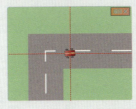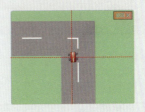

通过观察可以发现，虽然看上去赛车行驶在赛道中的不同地点，但实际上赛车相对于舞台的位置一直没有改变，始终处于舞台的中心。那是什么原因造成赛车移动效果的呢？没错，其实是背景在运动，在本作品中也就是赛道角色在进行移动。

接下来介绍如何将赛车的运动转化为赛道的运动。

首先，根据运动与静止的相对性原理，赛车在赛道中向上运动，也可以理解为赛车没有动，但是赛道在向下运动。其他方向也是同样的原理。明白这个原理后，就可以通过变量实现类似的运动效果了。

在此之前，还需要先制作出大小超过舞台的赛道角色。关于赛道的绘制方法在要点一中已经讲解，但是常规情况下，角色无法放大至超过舞台面积非常大的效果，所以此处采用空造型的方式来进行放大。此方法需要在赛道角色的造型中添加一个没有任何造型的空造型，然后在放大时先切换成空造型放大再切换至需要使用的造型。参考代码如下：

准备好赛道角色之后，就可以应用上面的原理来实现运动的效果了。

参考代码：

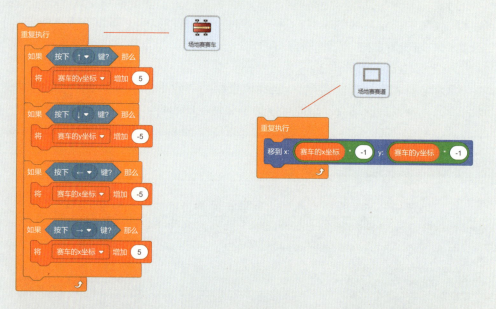

可以发现，在场地赛赛车的代码中，方向键按下后只改变了变量的数值，而角色本身的x和y坐标却没有发生变化；与此同时，在场地赛赛道的代码中，赛道在不断根据赛车的x和y坐标进行变化，这里不能直接让赛道移到赛车x和y坐标的位置，这样会造成按键使赛车向相反方向运动的效果。所以，这里需要让变量乘以-1，使赛道向相反的方向运动。

接下来对代码进行优化。目前的代码可以实现运动的效果，但是效果非常生硬，按下按键后角色立刻运动起来，松开按键角色就会立即停止。这是不符合实际的，当车辆加速到一定速度后，停下来应该是缓慢的。

在上面的代码中，赛车坐标的变量是根据按键情况实时发生变化的，方向键被按下，变量就会发生改变；方向键松开，变量的改变也就会停止。所以，要想实现预期的效果，就需要在按键松开后依然可以使坐标发生变化，并且变化的速度应该越来越慢，直至赛车停下来，变量此时不再改变。

因此，需要创建新的变量来完成这个任务，这里创建"赛车的x坐标增量"和"赛车的y坐标增量"来进行辅助。

参考代码：

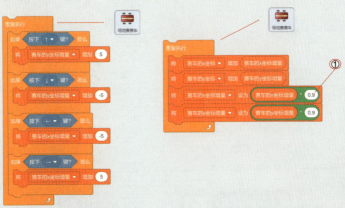

此时，方向键不再直接改变赛车的x和y坐标变量，而是改变对应的增量变量。通过另一段程序，可以将增量重复加到赛车的x和y坐标变量中，并且每次相加后将会通过代码①自身减少一定的数值。直至增量变量减小至0时，赛车的坐标将不再变化。

最后，对赛车的方向控制进行优化。目前使用方向键控制赛车移动的方式不是特别适合于场地赛中的赛车，可以将其优化为使用左键和右键调整车辆方向，使用上键和下键控制赛车的前后运动。

这里将分为两种情况：方向为0时，也就是赛车朝向正上方时，赛车的移动只有y坐标会改变，与通过上键与下键直接调整角色的y坐标相同；但当方向不为0时，也就是赛车处于一定的角度，此时赛车的前进和后退将会使角色的x和y坐标都发生变化。

情况1　　　　　情况2

第4章　高级作品制作

这就需要使用到数学中的三角函数。

通过三角函数可以计算出在当前方向下，角色在x轴和y轴的方向上分别移动的距离。这里不作过于深入的探讨，只需要了解根据Scratch的角度计算方式，通过sin函数可以计算出在x轴方向上的分量，通过cos函数可以计算出在y轴方向上的分量。并结合两个函数的图像进行理解：

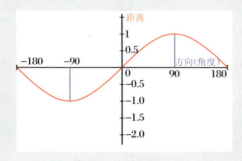
sin函数图像

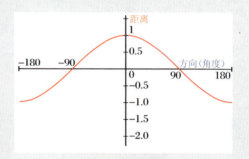
cos函数图像

参考代码：

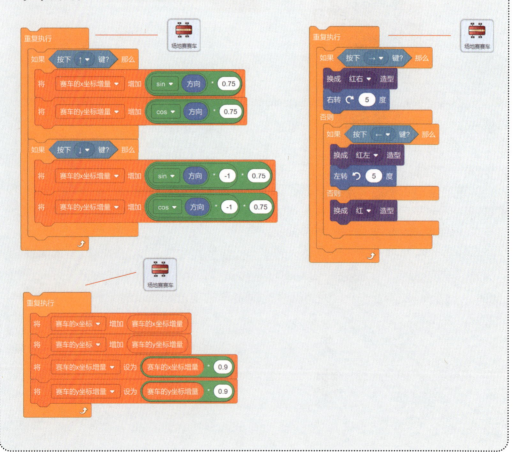

要点九：场地赛中胜利与失败条件的判定

在场地赛中，胜利需要具备如下条件：

（1）到达终点；

（2）按照规定赛道完成一圈（不可以没有按照规定赛道完成比赛（允许小部分在赛道外的情况））；

（3）未达到失败条件。

失败条件如下：

（1）比赛时间结束（30s）；

（2）未达到胜利条件。

其中的难点是如何检测赛车是否大部分按照规定赛道完成比赛。

这里，可以通过列表的方式来进行检测，在场地赛赛道的造型中增加一个用于检测的造型，如下图：

参考代码：

> **要点解析**

通过自定义的"颜色检测"积木,可以实现对角色所处区域的侦测。根据检测造型的设计,赛车如果按照赛道完成比赛,就需要分别经过红、黄、蓝、绿4个区域。而重复执行的"颜色检测"积木,可以在赛车经过这4个区域时分别在列表中添加数字"1""2""3""4"。所以,如果赛车按照规定路线完成比赛,没有省略大部分赛道(没有经过某一颜色的色块),在检测列表中就会同时存在数字"1""2""3""4"。

通过代码①可以使场地赛赛道角色换成检测造型,由于在完成检测后紧接着又换回了指定赛道的造型,因此屏幕不会进行刷新,在代码运行过程中呈现在屏幕上的效果就只有指定赛道的造型。与连续两个"换成……造型"积木组合在一起的原理相同,但在过程中又通过检测造型完成了对角色所处位置的侦测。通过这种方法,可以判断赛车是否存在跳过大部分赛道的情况。

> **要点解析**

下图是场地赛胜利条件判定功能的代码。

通过代码①，可以实现对终点的检测。

通过代码②，可以检测角色是否按照赛道完成比赛，因为赛车在赛道外的行驶速度将会变得非常慢，所以赛车需要尽可能地按照赛道来进行比赛。但是仍有可能存在省略大部分赛道冲向终点的情况，所以通过此方式进行赛车行驶区域的检测再加上时间的限制，便可以使角色尽可能地按照赛道来完成比赛。

通过代码③，可以检测场地赛胜利的状态，变量为0说明比赛仍在进行，否则为比赛已经失败。

要点解析

下图是场地赛失败条件判定功能的代码。

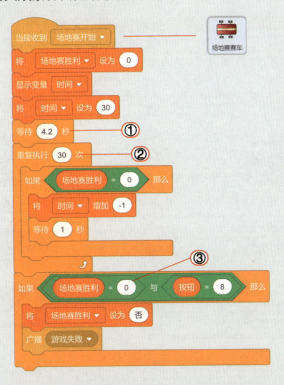

其中代码①所设置的等待时间是场地赛开始后指示灯闪烁的时间。

代码②是倒计时功能的代码，其中需要对当前场地赛胜利的状态进行判断。如果已经胜利，那么就不再执行倒计时的功能。

代码③是对当前场地赛胜利状态的检测，只有在比赛仍在进行中的状态下才可以发送"游戏失败"的广播。

7. 代码展示

迷

当 ▶ 被点击
重复执行
　如果 〈按钮 = 4〉 或 〈按钮 = 5〉 或 〈按钮 = 6〉 或 〈按钮 = 0〉 那么
　　显示
　否则
　　隐藏

当 ▶ 被点击
移到 x: -140 y: 60
换成 造型1 造型
将 亮度 特效设定为 10
将 虚像 特效设定为 100
等待 0.5 秒
重复执行 10 次
　将 虚像 特效增加 -10
等待 2 秒
换成 造型2 造型
在 0.5 秒内滑行到 x: -112 y: 100

你

当 ▶ 被点击
移到 x: -47 y: 60
换成 造型1 造型
将 亮度 特效设定为 10
将 虚像 特效设定为 100
等待 0.9 秒
重复执行 10 次
　将 虚像 特效增加 -10
等待 1.6 秒
换成 造型2 造型
在 0.5 秒内滑行到 x: -38 y: 100

当 ▶ 被点击
重复执行
　如果 〈按钮 = 4〉 或 〈按钮 = 5〉 或 〈按钮 = 6〉 或 〈按钮 = 0〉 那么
　　显示
　否则
　　隐藏

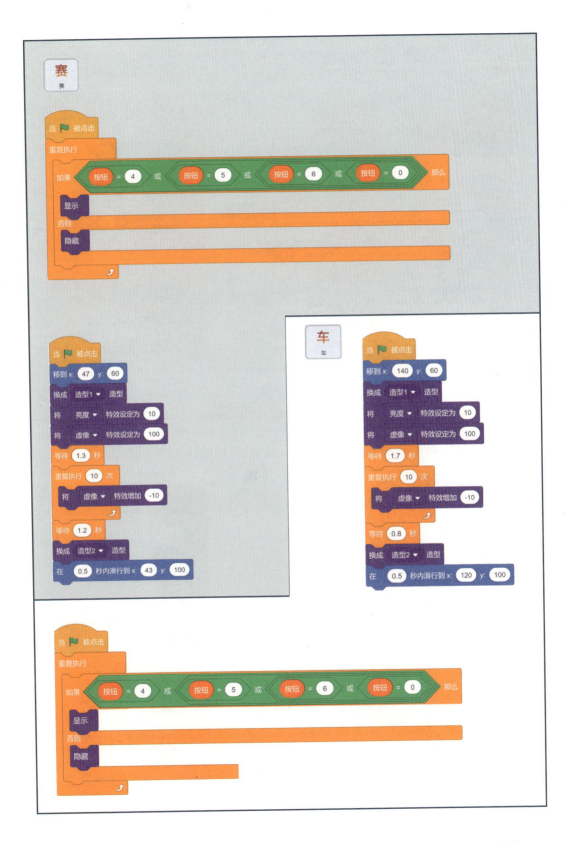

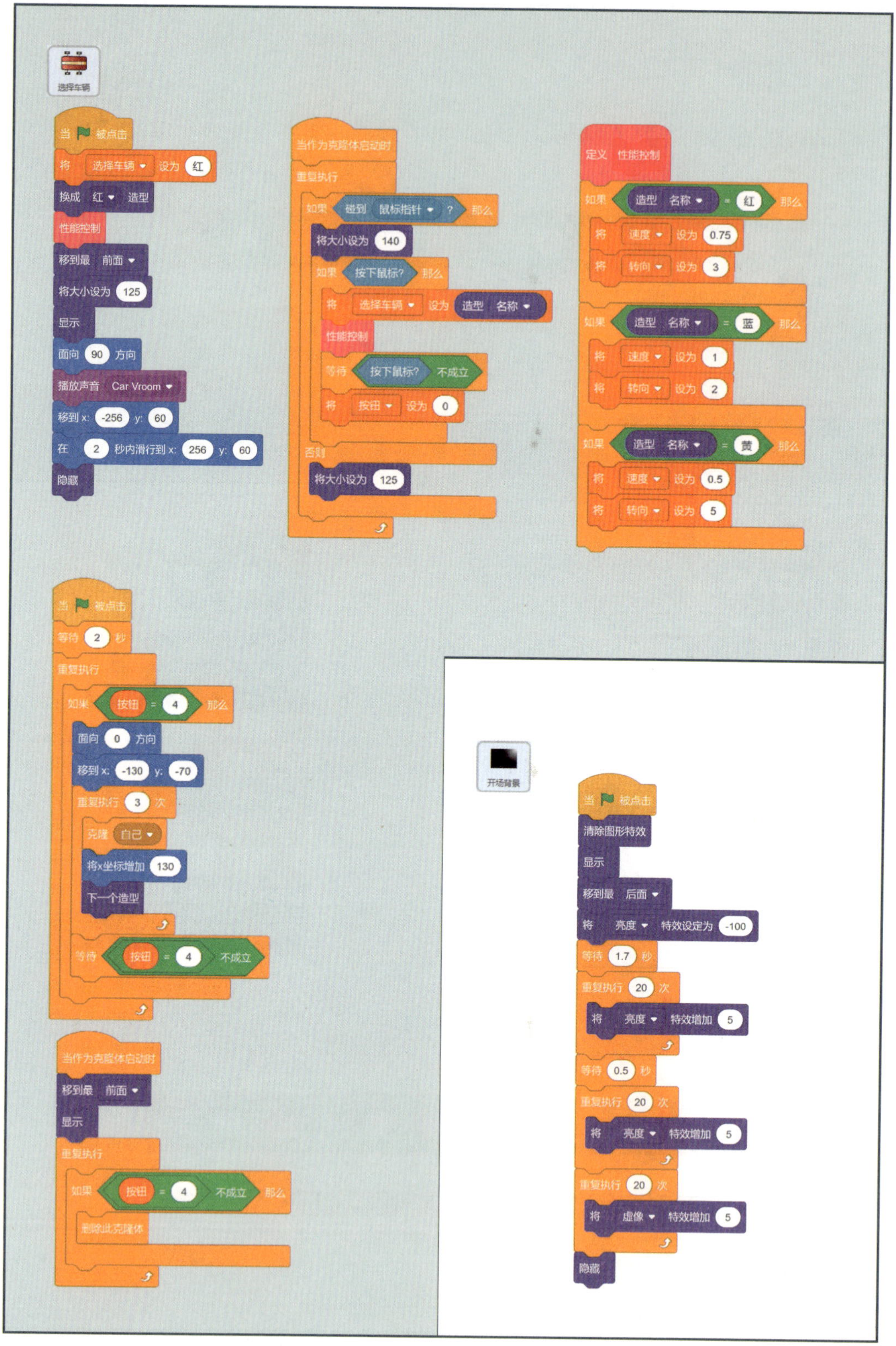

选择车辆
当 被点击
将 选择车辆 设为 红
换成 红 造型
性能控制
移到最 前面
将大小设为 125
显示
面向 90 方向
播放声音 Car Vroom
移到x: -256 y: 60
在 2 秒内滑行到x: 256 y: 60
隐藏
当作为克隆体启动时
重复执行
如果 碰到 鼠标指针 ? 那么
将大小设为 140
如果 按下鼠标? 那么
将 选择车辆 设为 造型 名称
性能控制
等待 按下鼠标? 不成立
将 按钮 设为 0
否则
将大小设为 125
定义 性能控制
如果 造型 名称 = 红 那么
将 速度 设为 0.75
将 转向 设为 3
如果 造型 名称 = 蓝 那么
将 速度 设为 1
将 转向 设为 2
如果 造型 名称 = 黄 那么
将 速度 设为 0.5
将 转向 设为 5
当 被点击
等待 2 秒
重复执行
如果 按钮 = 4 那么
面向 0 方向
移到x: -130 y: -70
重复执行 3 次
克隆 自己
将x坐标增加 130
下一个造型
等待 按钮 = 4 不成立
当作为克隆体启动时
移到最 前面
显示
重复执行
如果 按钮 = 4 不成立 那么
删除此克隆体
开场背景
当 被点击
清除图形特效
显示
移到最 后面
将 亮度 特效设定为 -100
等待 1.7 秒
重复执行 20 次
将 亮度 特效增加 5
等待 0.5 秒
重复执行 20 次
将 亮度 特效增加 5
重复执行 20 次
将 虚像 特效增加 5
隐藏

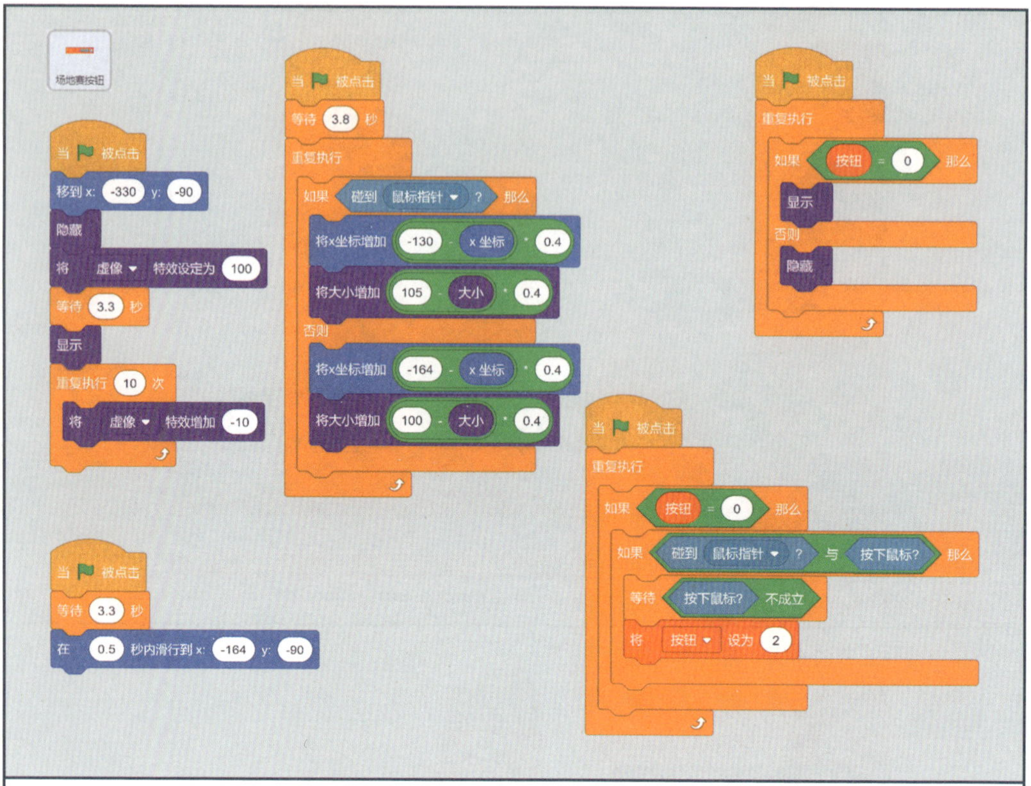
场地赛按钮
当 被点击
移到 x: -330 y: -90
隐藏
将 虚像 特效设定为 100
等待 3.3 秒
显示
重复执行 10 次
将 虚像 特效增加 -10
当 被点击
等待 3.3 秒
在 0.5 秒内滑行到 x: -164 y: -90
当 被点击
等待 3.8 秒
重复执行
如果 碰到 鼠标指针 ? 那么
将x坐标增加 -130 - x 坐标 * 0.4
将大小增加 105 - 大小 * 0.4
否则
将x坐标增加 -164 - x 坐标 * 0.4
将大小增加 100 - 大小 * 0.4
当 被点击
重复执行
如果 按钮 = 0 那么
显示
否则
隐藏
当 被点击
重复执行
如果 按钮 = 0 那么
如果 碰到 鼠标指针 ? 与 按下鼠标? 那么
等待 按下鼠标? 不成立
将 按钮 设为 2

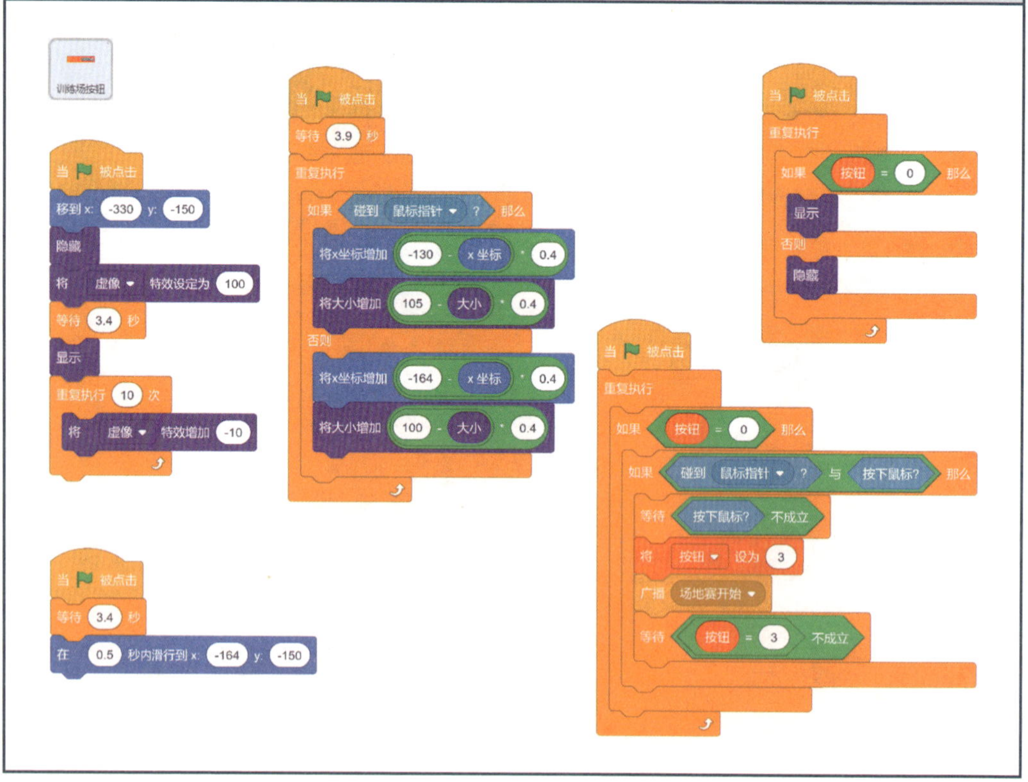
训练场按钮
当 被点击
移到 x: -330 y: -150
隐藏
将 虚像 特效设定为 100
等待 3.4 秒
显示
重复执行 10 次
将 虚像 特效增加 -10
当 被点击
等待 3.4 秒
在 0.5 秒内滑行到 x: -164 y: -150
当 被点击
等待 3.9 秒
重复执行
如果 碰到 鼠标指针 ? 那么
将x坐标增加 -130 - x 坐标 * 0.4
将大小增加 105 - 大小 * 0.4
否则
将x坐标增加 -164 - x 坐标 * 0.4
将大小增加 100 - 大小 * 0.4
当 被点击
重复执行
如果 按钮 = 0 那么
显示
否则
隐藏
当 被点击
重复执行
如果 按钮 = 0 那么
如果 碰到 鼠标指针 ? 与 按下鼠标? 那么
等待 按下鼠标? 不成立
将 按钮 设为 3
广播 场地赛开始
等待 按钮 = 3 不成立

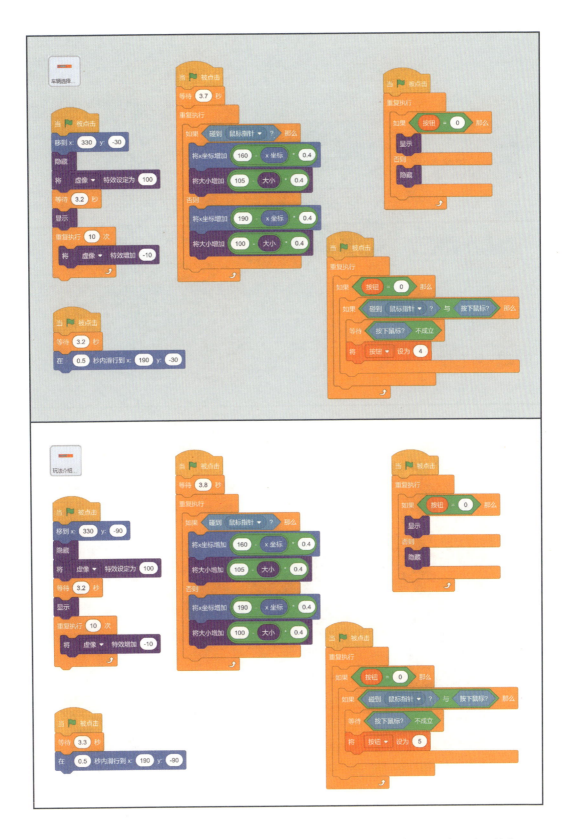

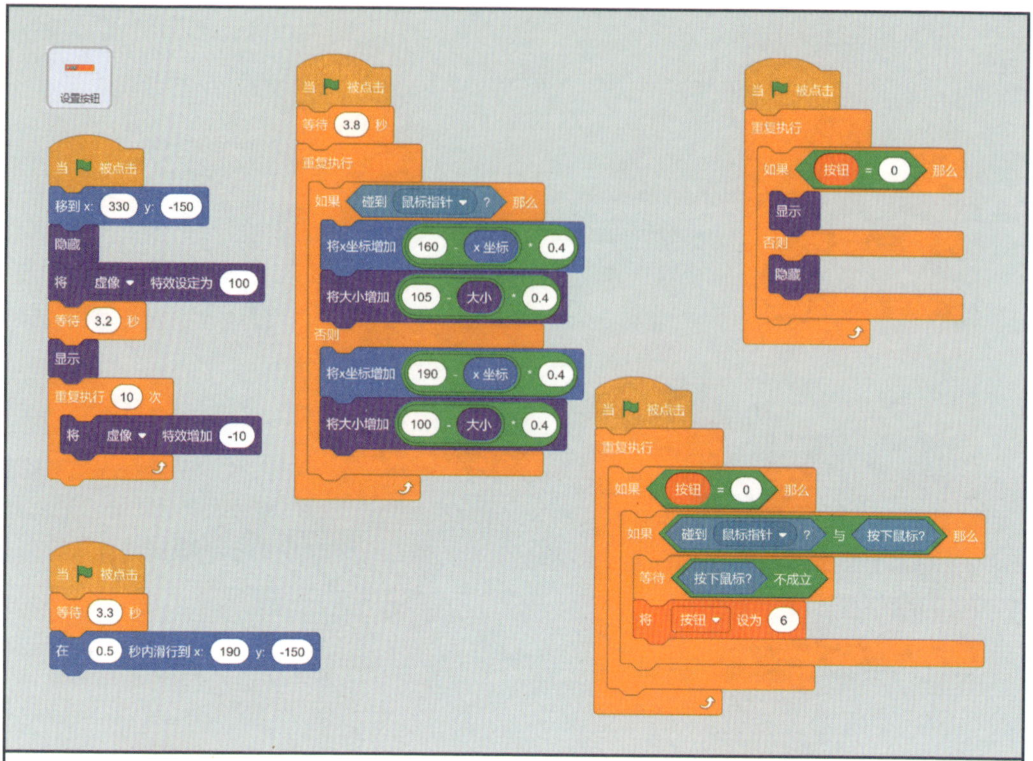
设置按钮
当 被点击
移到 x: 330 y: -150
隐藏
将 虚像 特效设定为 100
等待 3.2 秒
显示
重复执行 10 次
将 虚像 特效增加 -10
当 被点击
等待 3.3 秒
在 0.5 秒内滑行到 x: 190 y: -150
当 被点击
等待 3.8 秒
重复执行
如果 碰到 鼠标指针 ? 那么
将x坐标增加 160 - x 坐标 * 0.4
将大小增加 105 - 大小 * 0.4
否则
将x坐标增加 190 - x 坐标 * 0.4
将大小增加 100 - 大小 * 0.4
当 被点击
重复执行
如果 按钮 = 0 那么
显示
否则
隐藏
当 被点击
重复执行
如果 按钮 = 0 那么
如果 碰到 鼠标指针 ? 与 按下鼠标? 那么
等待 按下鼠标? 不成立
将 按钮 设为 6
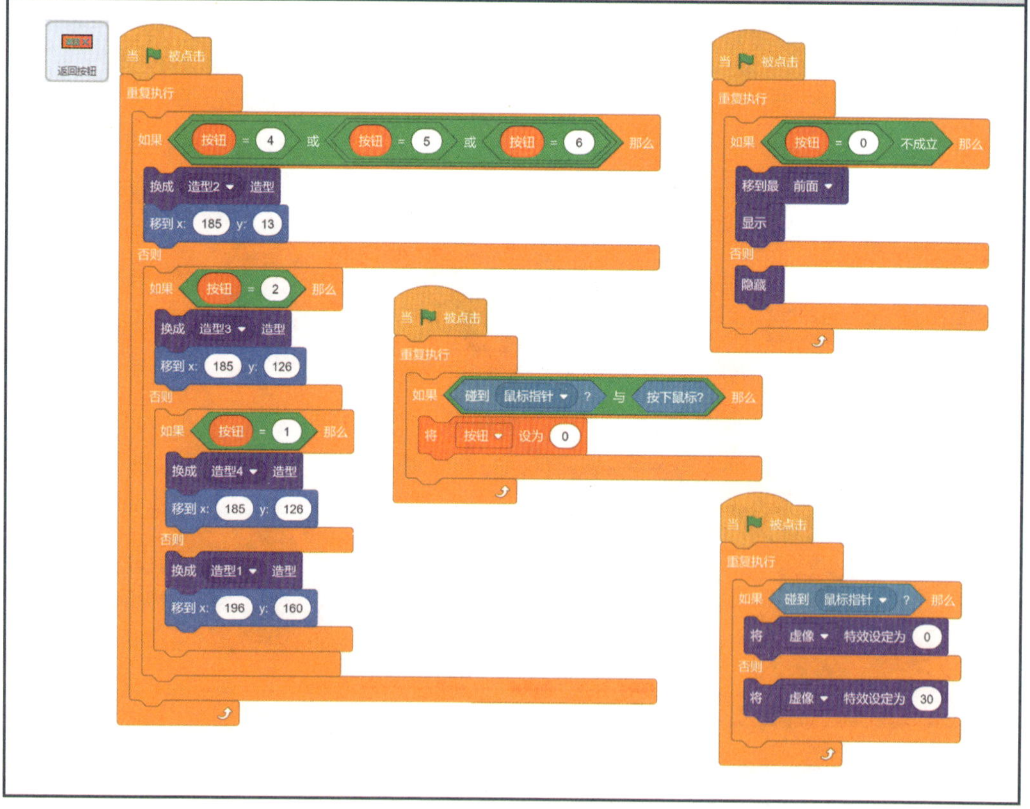
返回按钮
当 被点击
重复执行
如果 按钮 = 4 或 按钮 = 5 或 按钮 = 6 那么
换成 造型2 造型
移到 x: 185 y: 13
否则
如果 按钮 = 2 那么
换成 造型3 造型
移到 x: 185 y: 126
否则
如果 按钮 = 1 那么
换成 造型4 造型
移到 x: 185 y: 126
否则
换成 造型1 造型
移到 x: 196 y: 160
当 被点击
重复执行
如果 碰到 鼠标指针 ? 与 按下鼠标? 那么
将 按钮 设为 0
当 被点击
重复执行
如果 按钮 = 0 不成立 那么
移到最 前面
显示
否则
隐藏
当 被点击
重复执行
如果 碰到 鼠标指针 ? 那么
将 虚像 特效设定为 0
否则
将 虚像 特效设定为 30

第 4 章 高级作品制作

236　图形化编程实操综合案例

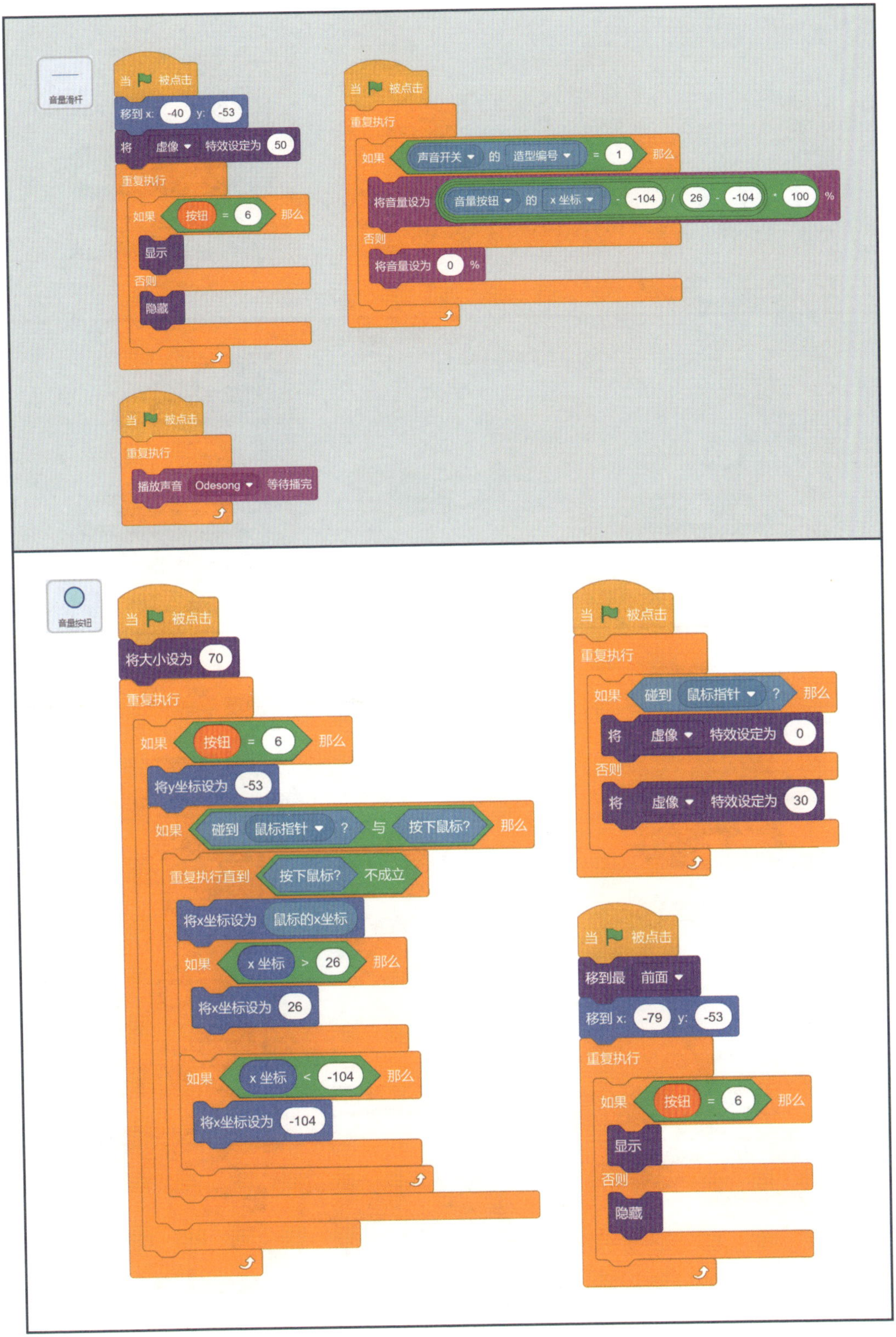
音量滑杆
当 被点击
移到 x: -40 y: -53
将 虚像 特效设定为 50
重复执行
如果 按钮 = 6 那么
显示
否则
隐藏
当 被点击
重复执行
如果 声音开关 的 造型编号 = 1 那么
将音量设为 音量按钮 的 x 坐标 - -104 / 26 - -104 * 100 %
否则
将音量设为 0 %
当 被点击
重复执行
播放声音 Odesong 等待播完
音量按钮
当 被点击
将大小设为 70
重复执行
如果 按钮 = 6 那么
将y坐标设为 -53
如果 碰到 鼠标指针 ? 与 按下鼠标? 那么
重复执行直到 按下鼠标? 不成立
将x坐标设为 鼠标的x坐标
如果 x 坐标 > 26 那么
将x坐标设为 26
如果 x 坐标 < -104 那么
将x坐标设为 -104
当 被点击
重复执行
如果 碰到 鼠标指针 ? 那么
将 虚像 特效设定为 0
否则
将 虚像 特效设定为 30
当 被点击
移到最 前面
移到 x: -79 y: -53
重复执行
如果 按钮 = 6 那么
显示
否则
隐藏

238 图形化编程实操综合案例

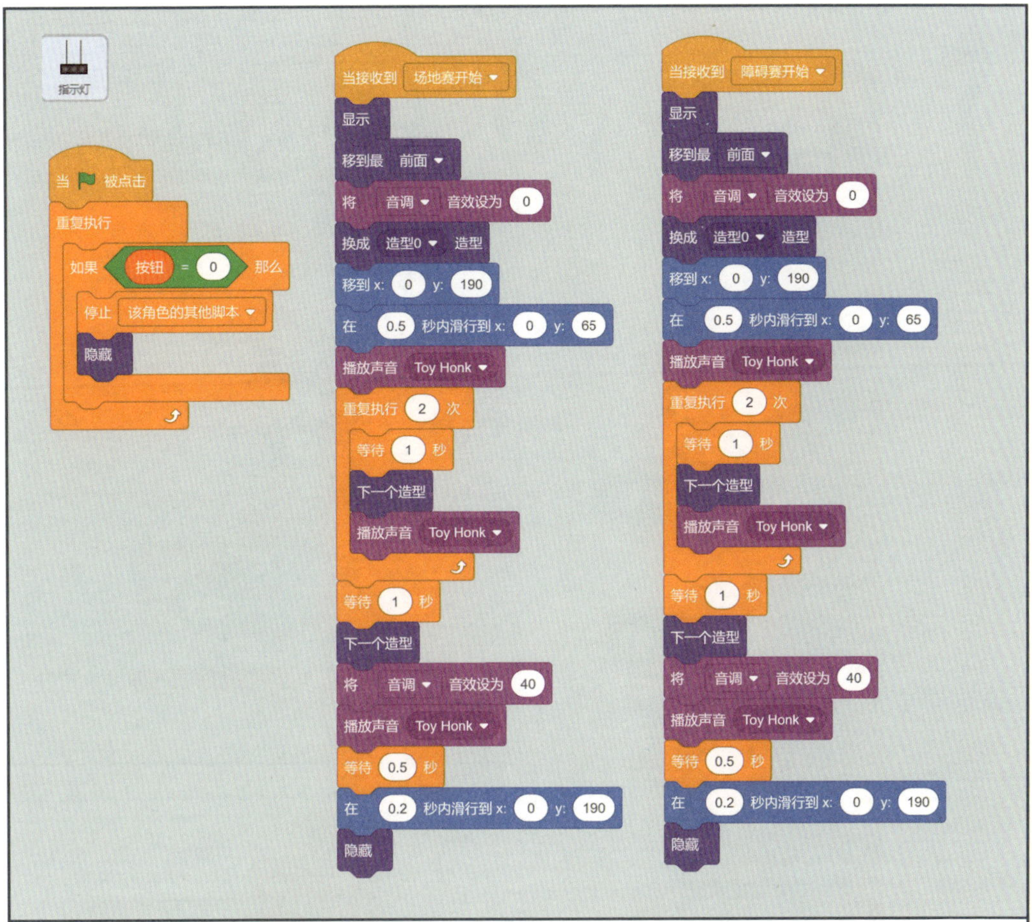
指示灯
当 被点击
重复执行
如果 按钮 = 0 那么
停止 该角色的其他脚本
隐藏
当接收到 场地赛开始
显示
移到最 前面
将 音调 音效设为 0
换成 造型0 造型
移到 x: 0 y: 190
在 0.5 秒内滑行到 x: 0 y: 65
播放声音 Toy Honk
重复执行 2 次
等待 1 秒
下一个造型
播放声音 Toy Honk
等待 1 秒
下一个造型
将 音调 音效设为 40
播放声音 Toy Honk
等待 0.5 秒
在 0.2 秒内滑行到 x: 0 y: 190
隐藏
当接收到 障碍赛开始
显示
移到最 前面
将 音调 音效设为 0
换成 造型0 造型
移到 x: 0 y: 190
在 0.5 秒内滑行到 x: 0 y: 65
播放声音 Toy Honk
重复执行 2 次
等待 1 秒
下一个造型
播放声音 Toy Honk
等待 1 秒
下一个造型
将 音调 音效设为 40
播放声音 Toy Honk
等待 0.5 秒
在 0.2 秒内滑行到 x: 0 y: 190
隐藏

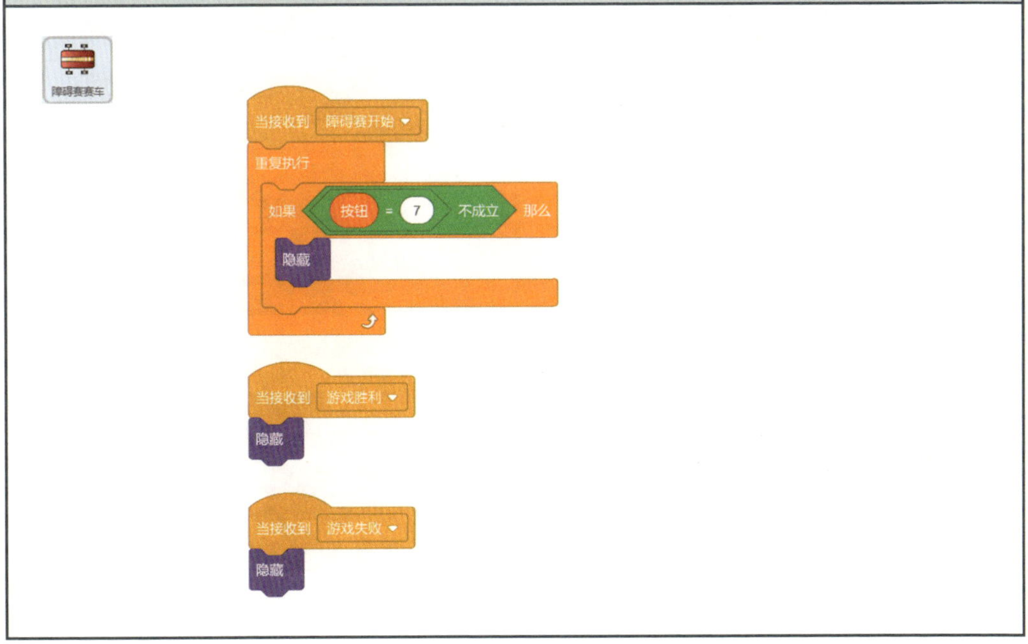
障碍赛赛车
当接收到 障碍赛开始
重复执行
如果 按钮 = 7 不成立 那么
隐藏
当接收到 游戏胜利
隐藏
当接收到 游戏失败
隐藏

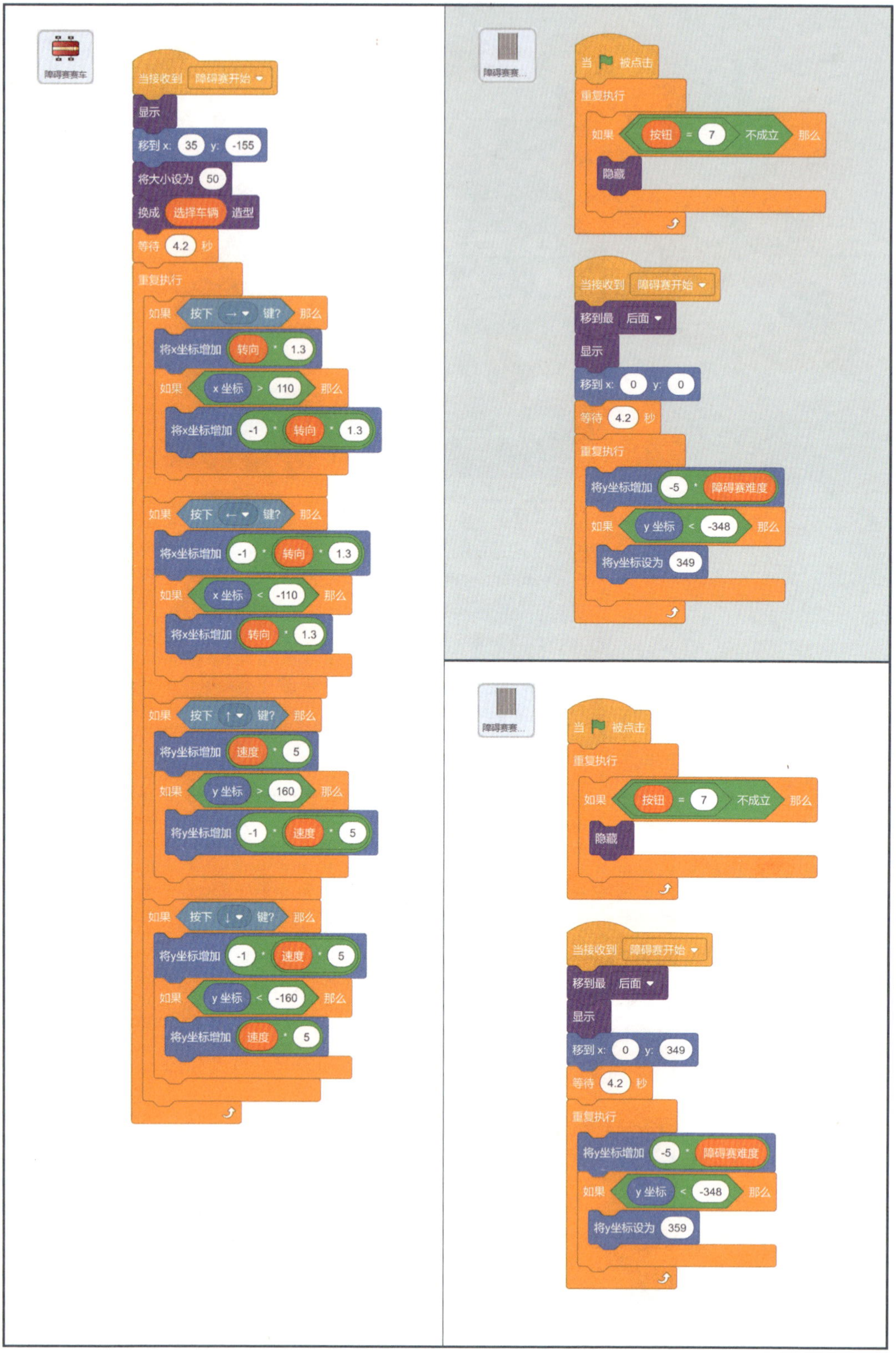
障碍赛赛车
当接收到 障碍赛开始
显示
移到x: 35 y: -155
将大小设为 50
换成 选择车辆 造型
等待 4.2 秒
重复执行
如果 按下 → 键? 那么
将x坐标增加 转向 * 1.3
如果 x 坐标 > 110 那么
将x坐标增加 -1 * 转向 * 1.3
如果 按下 ← 键? 那么
将x坐标增加 -1 * 转向 * 1.3
如果 x 坐标 < -110 那么
将x坐标增加 转向 * 1.3
如果 按下 ↑ 键? 那么
将y坐标增加 速度 * 5
如果 y 坐标 > 160 那么
将y坐标增加 -1 * 速度 * 5
如果 按下 ↓ 键? 那么
将y坐标增加 -1 * 速度 * 5
如果 y 坐标 < -160 那么
将y坐标增加 速度 * 5
障碍赛赛...
当 被点击
重复执行
如果 按钮 = 7 不成立 那么
隐藏
当接收到 障碍赛开始
移到最 后面
显示
移到x: 0 y: 0
等待 4.2 秒
重复执行
将y坐标增加 -5 * 障碍赛难度
如果 y 坐标 < -348 那么
将y坐标设为 349
障碍赛赛...
当 被点击
重复执行
如果 按钮 = 7 不成立 那么
隐藏
当接收到 障碍赛开始
移到最 后面
显示
移到x: 0 y: 349
等待 4.2 秒
重复执行
将y坐标增加 -5 * 障碍赛难度
如果 y 坐标 < -348 那么
将y坐标设为 359

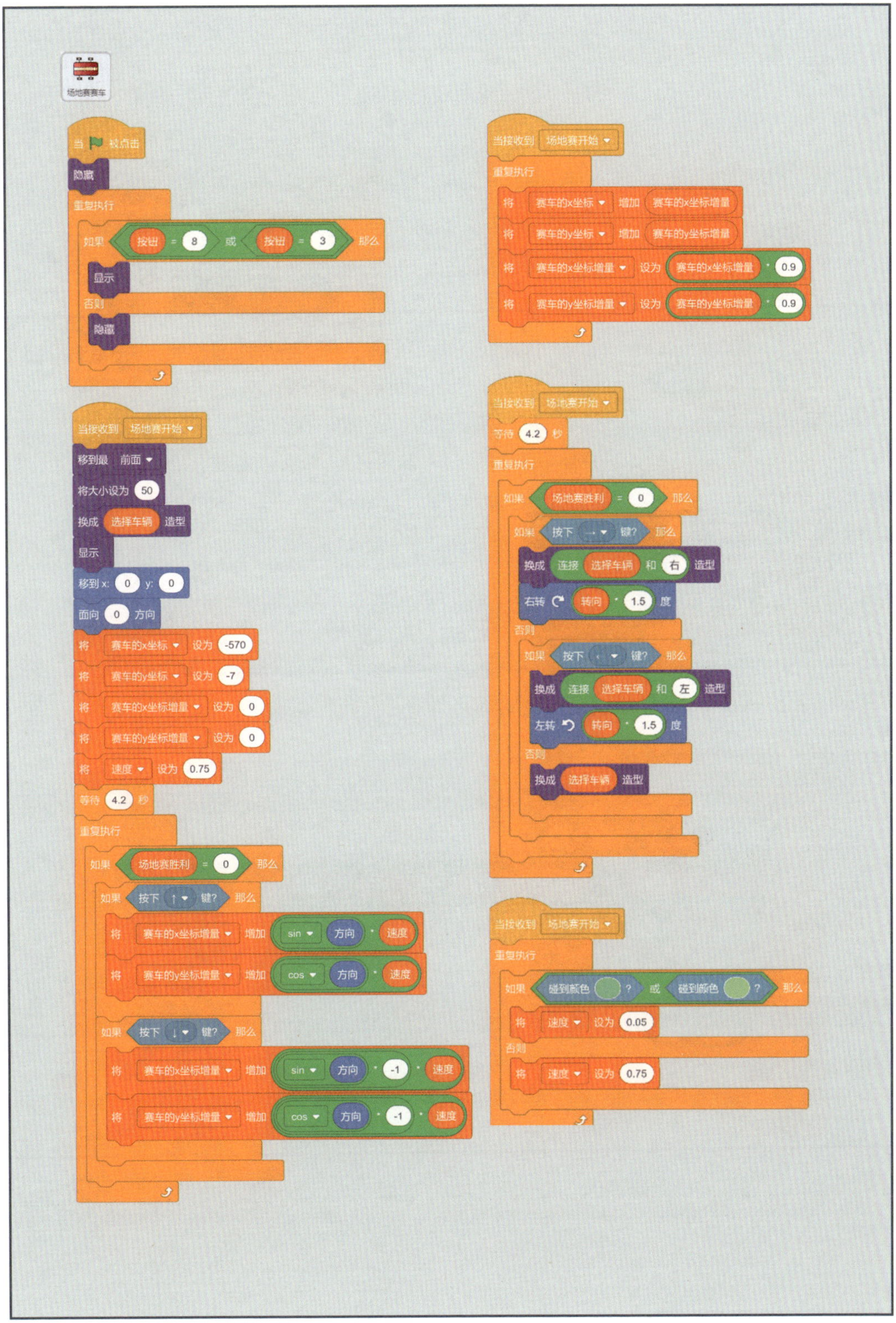
场地赛赛车
当 被点击
隐藏
重复执行
如果 按钮 = 8 或 按钮 = 3 那么
显示
否则
隐藏
当接收到 场地赛开始
移到最 前面
将大小设为 50
换成 选择车辆 造型
显示
移到 x: 0 y: 0
面向 0 方向
将 赛车的x坐标 设为 -570
将 赛车的y坐标 设为 -7
将 赛车的x坐标增量 设为 0
将 赛车的y坐标增量 设为 0
将 速度 设为 0.75
等待 4.2 秒
重复执行
如果 场地赛胜利 = 0 那么
如果 按下 ↑ 键? 那么
将 赛车的x坐标增量 增加 sin 方向 * 速度
将 赛车的y坐标增量 增加 cos 方向 * 速度
如果 按下 ↓ 键? 那么
将 赛车的x坐标增量 增加 sin 方向 * -1 * 速度
将 赛车的y坐标增量 增加 cos 方向 * -1 * 速度
当接收到 场地赛开始
重复执行
将 赛车的x坐标 增加 赛车的x坐标增量
将 赛车的y坐标 增加 赛车的y坐标增量
将 赛车的x坐标增量 设为 赛车的x坐标增量 * 0.9
将 赛车的y坐标增量 设为 赛车的y坐标增量 * 0.9
当接收到 场地赛开始
等待 4.2 秒
重复执行
如果 场地赛胜利 = 0 那么
如果 按下 → 键? 那么
换成 连接 选择车辆 和 右 造型
右转 转向 * 1.5 度
否则
如果 按下 ← 键? 那么
换成 连接 选择车辆 和 左 造型
左转 转向 * 1.5 度
否则
换成 选择车辆 造型
当接收到 场地赛开始
重复执行
如果 碰到颜色 ? 或 碰到颜色 ? 那么
将 速度 设为 0.05
否则
将 速度 设为 0.75

场地赛赛车

当接收到 场地赛开始
将 场地赛胜利 设为 0
显示变量 时间
将 时间 设为 30
等待 4.2 秒
重复执行 30 次
　如果 场地赛胜利 = 0 那么
　　将 时间 增加 -1
　　等待 1 秒
如果 场地赛胜利 = 0 与 按钮 = 8 那么
　将 场地赛胜利 设为 否
　广播 游戏失败

当 ▶ 点击
将 场地赛胜利 设为 0
重复执行
　如果 按钮 = 8 不成立 那么
　　隐藏变量 时间

当接收到 场地赛开始
重复执行
　如果 碰到颜色 ● ? 与 按钮 = 8 那么
　　如果 检测 包含 1 ? 与 检测 包含 2 ? 与 检测 包含 3 ? 与 检测 包含 4 ? 那么
　　　如果 场地赛胜利 = 0 那么
　　　　将 场地赛胜利 设为 是
　　　　广播 游戏胜利
　　　　等待 按钮 = 0

第 4 章 高级作品制作

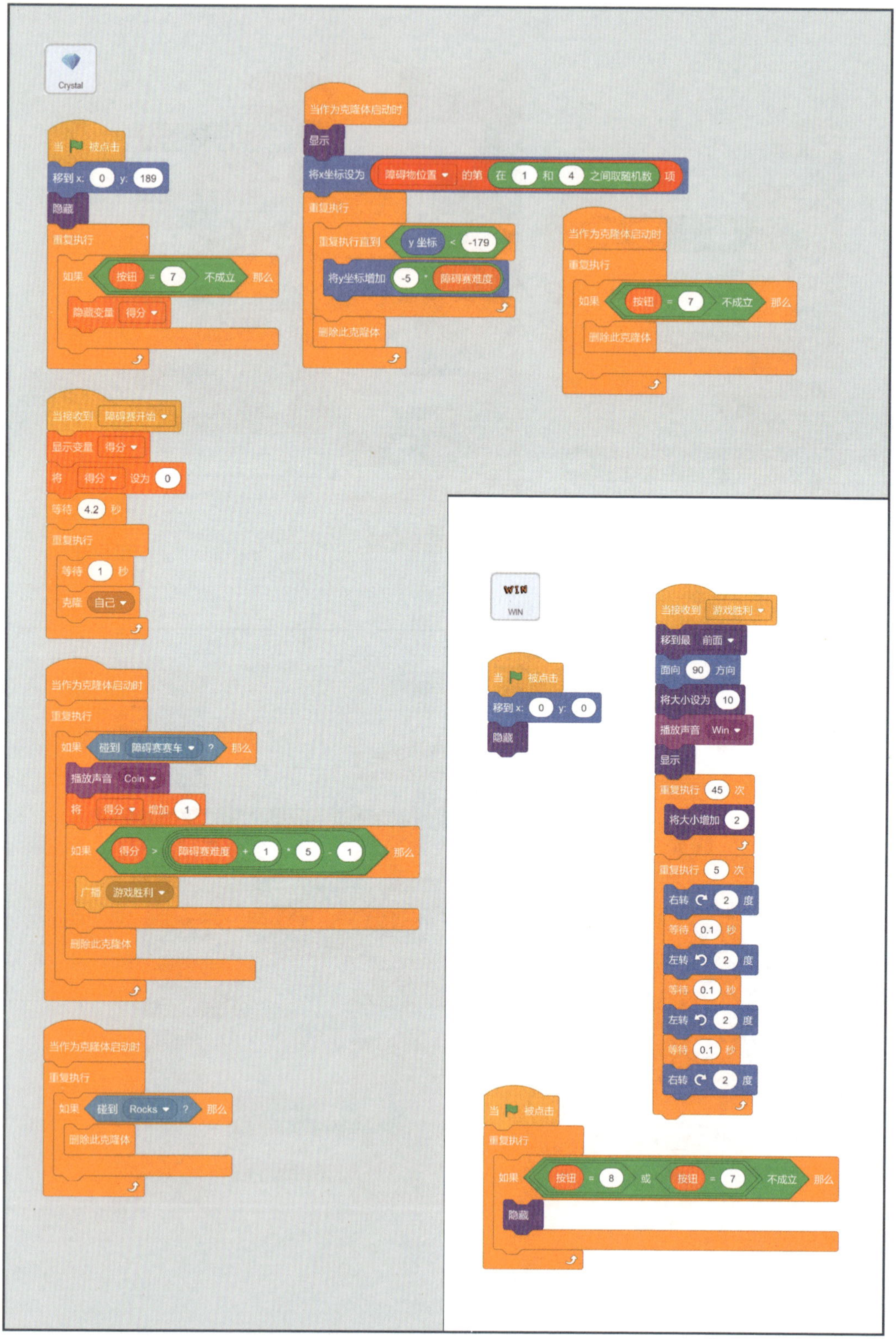
Crystal
当 被点击
移到 x: 0 y: 189
隐藏
重复执行
如果 按钮 = 7 不成立 那么
隐藏变量 得分
当作为克隆体启动时
显示
将x坐标设为 障碍物位置 的第 在 1 和 4 之间取随机数 项
重复执行
重复执行直到 y 坐标 < -179
将y坐标增加 -5 * 障碍赛难度
删除此克隆体
当作为克隆体启动时
重复执行
如果 按钮 = 7 不成立 那么
删除此克隆体
当接收到 障碍赛开始
显示变量 得分
将 得分 设为 0
等待 4.2 秒
重复执行
等待 1 秒
克隆 自己
当作为克隆体启动时
重复执行
如果 碰到 障碍赛赛车 ? 那么
播放声音 Coin
将 得分 增加 1
如果 得分 > 障碍赛难度 + 1 * 5 - 1 那么
广播 游戏胜利
删除此克隆体
当作为克隆体启动时
重复执行
如果 碰到 Rocks ? 那么
删除此克隆体
WIN
WIN
当 被点击
移到 x: 0 y: 0
隐藏
当接收到 游戏胜利
移到最 前面
面向 90 方向
将大小设为 10
播放声音 Win
显示
重复执行 45 次
将大小增加 2
重复执行 5 次
右转 2 度
等待 0.1 秒
左转 2 度
等待 0.1 秒
左转 2 度
等待 0.1 秒
右转 2 度
当 被点击
重复执行
如果 按钮 = 8 或 按钮 = 7 不成立 那么
隐藏

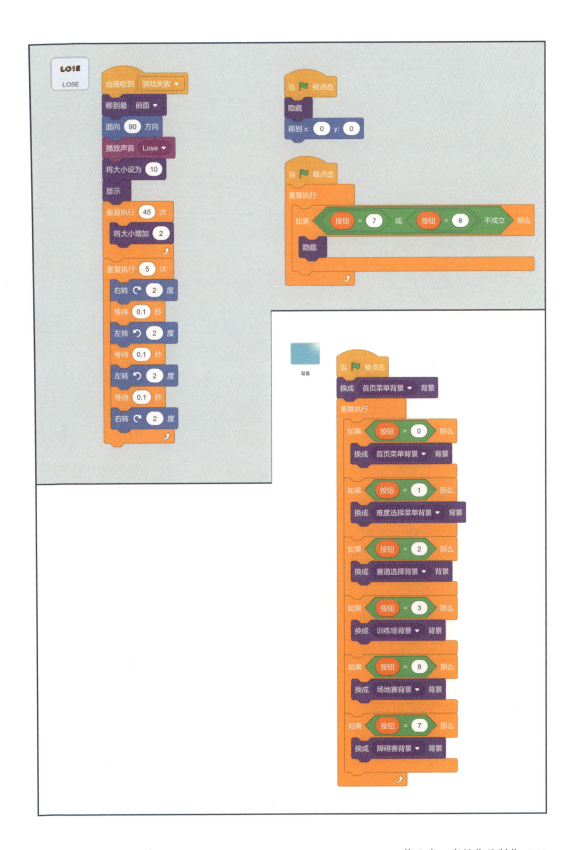